TAPE
INSTRUMENTO PARA LA EVALUACIÓN DEL DESEMPEÑO AGROECOLÓGICO

PROCESO DE DESARROLLO Y DIRECTRICES PARA LA APLICACIÓN

VERSIÓN DE PRUEBA

ORGANIZACIÓN DE LAS NACIONES UNIDAS PARA LA ALIMENTACIÓN Y LA AGRICULTURA

ROMA, 2021

Cita requerida:
FAO. 2021. *Instrumento para la evaluación del desempeño agroecológico (TAPE) - Proceso de desarrollo y directrices para la aplicación. Versión de prueba*. Roma. FAO. https://doi.org/10.4060/ca7407es

ISBN 978-92-5-134411-8

Fotografía de la portada: © FAO/Daniel Hayduk

Fotografía de la contraportada: © FAO/Astrid Randen

ÍNDICE

SECCIÓN 4

ANEXOS

FIGURAS

CUADROS

AGRADECIMIENTOS

La preparación de este marco requirió la dedicación, el tiempo y la experiencia de muchas personas, y la colaboración y el apoyo de muchas instituciones, debido a la naturaleza participativa del proceso.

El equipo de redacción estuvo liderado por Abram Bicksler (División de Producción y Protección Vegetal de la FAO - NSP) y Anne Mottet (División de Producción y Salud Animal de la FAO - NSA) y con el apoyo de Dario Lucantoni (NSA) y Fabrizia De Rosa (NSP), así como Soren Moller (Ministerio de Industrias Primarias de Nueva Zelanda) y Rémi Cluset (Ministerio de Transición Ecológica y Solidaria de Francia).

La traducción fue realizada por Frank Escobar, con el apoyo de Jimena Gomez y Dario Lucantoni.

La agroecología no es un enfoque nuevo y medir su impacto y contribución a la alimentación y la agricultura sostenibles no es un esfuerzo nuevo. La FAO desea agradecer a todos los expertos, científicos y miembros de la sociedad civil, personal del gobierno y trabajadores de extensión, que han trabajado para alcanzar este objetivo y cuyos esfuerzos han contribuido a este documento.

La FAO desea agradecer en particular a los miembros del Grupo de trabajo técnico que apoyaron el proceso de redacción y contribuyeron con muchos aportes esenciales. El Grupo de Trabajo Técnico fue presidido por Pablo Tittonell (Instituto Nacional de Tecnología Agropecuaria). Los miembros en orden alfabético fueron Rachel Bezner-Kerr (Universidad de Cornell), Jean-Luc Chotte (Institut de Recherche pour le Développement), Martín Drago (Amigos de la Tierra Internacional), Barbara Gemmill-Herren (CIIA- Centro Internacional de Investigaciones Agroforestales), Allison Loconto (Universidad de Harvard/Institut National de la Recherche Agronomique), Santiago López-Ridaura (CIMMYT / Centro Internacional de Mejoramiento de Maíz y Trigo), Bertrand Mathieu (Agronomes et Vétérinaires Sans Frontières), Delphine Ortega (La Vía Campesina), Paulo Petersen (AS-PTA Agricultura Familiar e Agroecologia), María Noel Salgado (MAELA- Movimiento Agroecológico de América Latina y Caribe), Éric Scopel y Jean-Michel Sourisseau (Centro de Cooperación Internacional en Investigación Agronómica para el Desarrollo).

Este documento se benefició de los aportes y la revisión de muchas divisiones de la FAO, a saber, NSA (Félix Teillard y Camillo de Camillis), NSP (Edmundo Barrios, Frank Escobar, Jimena Gomez y Anne-Sophie Poisot), PSU (Anna Korzenszky), ESN (Florencia Tartanac), ESP (Ilaria Sisto, Jeongha Kim y Szilvia Lehel), OCB (Maryam Rahmanian), PSR (Brent Simpson y Wafaa Elkhoury), OCB (Maryline Darmaun, Thomas Hammond y Maud Veyret-Picot), ESS (Piero Conforti e Iswadi Mawabagja) y de oficinas descentralizadas: REU (Carolina Starr), RAP (Pierre Ferrand), RLC (Romain Houlmann y Barbara Jarschel), RAF (Isabel Kuhne) y FAOSN (Makhfousse Sarr).

El equipo de preparación también agradece a los socios que realizaron pruebas iniciales del marco y/o contribuyeron a refinarlo, en particular Valeria Álvarez, Sofía Hara y Juan de Pascuale Bovi (INTA), Betrand Mathieu (AVSF), Laurent Levard (GRET), Patrice Burger (CARI), El Hadji Faye (Enda Pronat, Senegal).

La preparación de este documento no hubiera sido posible sin la asistencia y el apoyo financiero del Programa Estratégico 2 (Agricultura Sostenible) de la FAO, en particular de Beate Scherf y de Amy Heyman.

Enumerar a cada persona por su nombre no es fácil y conlleva el riesgo de que alguien se pase por alto. Las disculpas se transmiten a cualquiera que haya brindado asistencia, pero cuyo nombre no ha sido mencionado.

SIGLAS

AFSA	Alliance for Food Sovereignty in Africa - Alianza para la Soberanía Alimentaria en África
ALiSEA	Agroecology Learning Alliance in South-East Asia - Alianza para el aprendizaje de la agroecología en el sudeste asiático
AVSF	Agrónomos y Veterinarios Sin Fronteras
BAsD	Banco Asiático de Desarrollo
CAET	Caracterización de la Transición Agroecológica
CARI	Centre d'Actions et de Réalisations Internationales - Centro de Acciones y Logros Internacionales
CIIA	Centro Internacional de Investigaciones Agroforestales
CIMMYT	Centro Internacional de Mejoramiento de Maíz y Trigo
CIRAD	Centre de coopération Internationale en Recherche Agronomique pour le Développement - Centro de Investigación Agrícola para el Desarrollo Internacional
COAG	Comité de Agricultura
EX-ACT	Herramienta de balance de carbono ex – ante
FAO	Organización de las Naciones Unidas para la Alimentación y la Agricultura
FAOSTAT	Base de datos estadísticos sustantivos de la FAO
FHI	Family Health International - Salud Familiar Internacional
FIES	Food insecurity experience scale - Escala de experiencia de inseguridad alimentaria
FOEI	Friends of Earth International - Amigos de la Tierra Internacional
GANESAN	Grupo De Alto Nivel de Expertos en Seguridad Alimentaria y Nutrición
GIRA	Grupo Interdisciplinario de Tecnología Rural Apropiada
GKP	Producto de Conocimiento Mundial
GLEAM	Global Livestock Environmental Assessment Model - Modelo de Evaluación Ambiental de la Ganadería Mundial
GRET	*Groupe de Recherche et d'Échanges Techologiques* – Grupo de Investigación e Intercambio Tecnológico
GSARS	Global Strategy to Improve Agricultural and Rural Statistics – Estrategia Global para el Mejoramiento de las Estadísticas Agropecuarias y Rurales
GTAE	*Groupe de Travail sur les Transitions Agroécologiques* – Grupo de Trabajo sobre las Transiciones Agroecológicas
GTT	Grupo de Trabajo Técnico
HDDS	Household Dietary Diversity Score – Puntaje de la Diversidad Alimentaria del Hogar
IDA	Índice de Agrobiodiversidad
IFPRI	Instituto Internacional de Investigación sobre Políticas Alimentarias

INRA	Institut National de la Recherche Agronomique – Instituto Nacional de Investigación Agronómica
INTA	Instituto Nacional de Tecnología Agropecuaria
IPES-Food	International Panel of Experts on Sustainable Food Systems - Panel Internacional de Expertos sobre Sistemas Alimentarios Sostenibles
IRD	Institut de Recherche pour le Développement – Instituto de Investigación para el Desarrollo
LEAP	Alianza sobre evaluación ambiental y desempeño ecológico de la ganadería - Livestock Environmental Assessment and Performance Partnership
LUME	Método de análise econômico-ecológica de agroecossistemas – Método de análisis económico-ecológico de los agroecosistemas.
MAELA	Movimiento Agroecológico de América Latina y el Caribe
MESMIS	Marco para la Evaluación de Sistemas de Manejo de recursos naturales incorporando Indicadores de Sustentabilidad
ODS	Objetivos de Desarrollo Sostenible
OIT	Organización Internacional del Trabajo
OMS	Organización Mundial de la Salud
ONG	Organización No Gubernamental
ONU	Organización de las Naciones Unidas
ONUDAES	Departamento de Asuntos Económicos y Sociales de las Naciones Unidas
PAN	Pesticides Action Network - Red de acción en plaguicidas
PAR	Plataforma de Investigación de Biodiversidad Agrícola
PNUMA	Programa de Naciones Unidas para el Medio Ambiente
PPA	Paridad del Poder Adquisitivo
ROPPA	Réseau des organisations paysannes et de producteurs de l'Afrique de l'Ouest - Red de Organizaciones Campesinas y Productores Agrícolas de África Occidental
SAFA	Sustainability assessment of food and agriculture systems - Evaluación de la Sostenibilidad para la Agricultura y la Alimentación
SCAE-AGRI	El Sistema de Contabilidad Ambiental y Económica para la Agricultura, la Silvicultura y la Pesca
SHARP	Autoevaluación y Valoración Holística de la Resiliencia Climática de Agricultores y Pastores
SOCLA	Sociedad Científica Latinoamericana de Agroecología
TEEB	La Economía de los Ecosistemas y la Biodiversidad - La economía de los ecosistemas y la biodiversidad
UNAM	Universidad Nacional Autónoma de México
WEAI	Women's Empowerment in Agriculture Index - Índice de Empoderamiento de la Mujer en la Agricultura
ZBNF	Zero Budget Natural Farming - Agricultura Natural de Presupuesto Cero

SECCIÓN 1

INTRODUCCION

1.1 ¿POR QUÉ DEBEMOS DE EVALUAR LA AGROECOLOGÍA?

La agroecología es al mismo tiempo **una ciencia, un movimiento social y una práctica** (Wezel *et al.*, 2009). Desde sus orígenes en la década de 1930, cuando los científicos comenzaron a usar el término como la aplicación de principios ecológicos en la agricultura, su escala y dimensión han crecido enormemente. En la década de 1960, las preocupaciones sociales por el medio ambiente y la oposición a la agricultura industrializada dieron a la agroecología otra dimensión en forma de movimiento social, en particular en América Latina, pero también hasta cierto punto en Europa occidental. Más tarde, en la década de 1980, la agroecología finalmente se describió como un conjunto de prácticas agrícolas, con un enfoque particular en alternativas a los fertilizantes y pesticidas sintéticos, y técnicas de conservación de suelos y agrobiodiversidad. Con un alcance inicial a nivel de campo/parcela, la agroecología se extendió más tarde al nivel de agroecosistema y, más recientemente, al nivel de un completo sistema alimentario, incluyendo las cadenas de suministro agrícola en su totalidad, pero también los consumidores.

Debido a estos desarrollos y a los diversos orígenes del término, que también llevaron a varias traducciones en diferentes idiomas, ha habido confusiones con la definición de agroecología. Al día de hoy, las tres naturalezas de la agroecología como ciencia, movimiento y práctica todavía coexisten. Practicantes, expertos científicos, defensores y productores contribuyen a hacer la agroecología un enfoque para producir, procesar y consumir alimentos, en el que se incluyen intereses sobre aspectos ambientales, sociales y económicos. Esta comunidad está desarrollando varios procesos y marcos para apoyar la transición hacia sistemas alimentarios más agroecológicos.

La agroecología también está **generando un interés político creciente** por su potencial para producir nuestros sistemas alimenticios más sostenibles. Hay una creciente cantidad de evidencia que demuestra los impactos positivos de la agroecología, especialmente en el medio ambiente y en los ingresos de los hogares. Pero estos resultados permanecen fragmentados debido a métodos y datos heterogéneos, diferentes escalas y tiempos. Aún quedan lagunas de conocimiento. Aunado a esto, gran parte de la evidencia radica en la "literatura gris" (estudios de casos, descripciones de las experiencias de las comunidades, observaciones de campo, etc.) que generalmente dependen mucho del contexto y no son revisados por pares. Hay necesidad de evidencia global y armonizadas sobre el desempeño multidimensional de la agroecología para informar al proceso de creación de políticas públicas. Esta evidencia necesita ser construida con una diversidad de actores, operando en diferentes escalas, plazos y contextos, que encajen en el trabajo existente.

1.2 ANTECEDENTES Y MANDATO

Desde 2014, la FAO ha desempeñado un papel de liderazgo para facilitar el diálogo mundial y regional sobre agroecología, a través de nueve reuniones regionales e internacionales con múltiples partes interesadas, reuniendo a más de 2.100 participantes de 170 países. Estas reuniones ayudaron a identificar necesidades y prioridades para ampliar la escala de la agroecología como un enfoque estratégico para alcanzar Hambre Cero y los otros Objetivos de Desarrollo Sostenible (ODS).

Cada una de las reuniones regionales produjo un conjunto de recomendaciones acordadas por los participantes. Una recomendación clara y consistente fue la necesidad de fortalecer y consolidar la evidencia empírica sobre la agroecología. Este es un paso importante para identificar experiencias

©FAO/Astrid Randen

FOTO Manada de patos en campos de arroz paisaje variado, Indonesia.

agroecológicas exitosas para escalar y abogar por una mayor apoyo político y financiero para la agroecología.

Por ejemplo, el Simposio Internacional sobre Agroecología en China hizo un llamado a las partes interesadas, para: "Identificar y desarrollar indicadores sobre las dimensiones ambientales, sociales, culturales y económicas de la agroecología a diferentes escalas espaciales (granja, sociedad, nivel nacional) y recopilar datos sobre agroecología, incluso a muy largo plazo. FAO debería establecer un grupo de trabajo para contribuir a esta tarea".

El proceso de diálogo global y regional culminó en el **Segundo Simposio Internacional sobre Agroecología en 2018**, que reunió las lecciones aprendidas de las reuniones regionales. El Segundo simposio marcó un cambio de enfoque del diálogo a la acción. El Resumen del Presidente del Simposio (FAO, 2018a) y varias recomendaciones de países y organizaciones asociadas subrayaron la necesidad de que FAO *"lidere el desarrollo de metodologías e indicadores para medir el desempeño de la sostenibilidad de los sistemas agrícolas y alimentarios más allá del rendimiento a nivel de paisaje o de granja, basado en los 10 elementos de agroecología y experiencia en el desarrollo del indicador 2.4.1"*.

En 2018, el **26° Comité de Agricultura** acogió con beneplácito la Iniciativa Ampliar la Escala de la Agroecología, apoyó los 10 Elementos de la agroecología y *"solicitó a la FAO que apoye a los países y regiones a participar más eficazmente en los procesos de transición hacia una agricultura y sistemas alimentarios sostenibles, mediante el fortalecimiento de la normativa, la ciencia y trabajo basado en la evidencia empírica sobre la agroecología, **desarrollando métricas, herramientas y protocolos** [Adición del Editor] para evaluar la contribución de la agroecología y otros enfoques a la transformación de la agricultura y sistemas alimentarios sostenibles"*.

En 2019, el Grupo de Alto Nivel de Expertos en Seguridad Alimentaria y Nutrición (GANESAN) publicó un informe (GANESAN, 2019) sobre "Enfoques agroecológicos y otros enfoques innovadores para la agricultura sostenible y los sistemas alimentarios que mejoran la seguridad alimentaria y la nutrición". Este informe recomienda en particular *establecer y utilizar marcos integrales de medición y monitoreo de desempeño para sistemas alimentarios, con recomendaciones específicas para que FAO fomente la recopilación de datos a nivel nacional, la documentación de las lecciones aprendidas y el intercambio de información a todos los niveles, para facilitar la adopción de enfoques agroecológicos y otros enfoques innovadores y fomentar las transiciones hacia sistemas alimentarios sostenibles; y en colaboración con los países miembros, evaluar y documentar la contribución de los enfoques agroecológicos y otros enfoques innovadores para la seguridad alimentaria y la nutrición a nivel nacional y global.*

FAO está bien posicionada para liderar este trabajo en colaboración con socios clave. A través de las reuniones regionales e internacionales, FAO ha creado una red global de socios que incluye instituciones de investigación, sociedad civil y organizaciones de productores que trabajan juntas en agroecología. Al mismo tiempo, FAO tiene una interfaz y experiencia únicas trabajando con gobiernos y formuladores de políticas - los usuarios finales de los datos y de la información que se genere.

FAO también desempeña un importante papel mundial en datos y estadísticas para la alimentación, la agricultura y el desarrollo rural. La FAO es la agencia de custodia de 21 indicadores de ODS y tiene experiencia en el desarrollo del indicador 2.4.1 de ODS sobre la "proporción de área agrícola bajo agricultura productiva y sostenible". En todos los departamentos de la FAO, existe una rica experiencia en el desarrollo de metodologías, herramientas y marcos, incluidos el Observatorio Mundial de la Agricultura, la Evaluación de la Sostenibilidad de los Sistemas de Alimentación y Agricultura (SAFA) y el Índice de Empoderamiento de las Mujeres en la Agricultura, entre muchos otros.

1.3 DESTINATARIOS ESPECÍFICOS Y COMO UTILIZAR ESTE DOCUMENTO

El público objetivo de este documento son las **comunidades de práctica mundiales y regionales** en agroecología, que incluyen científicos, defensores, productores y extensionistas. Los responsables de la formulación de políticas y el personal de ONGs y organizaciones internacionales o instituciones de financiación también forman parte del público objetivo.

Este documento proporciona una guía sobre cómo evaluar la agroecología mediante la realización de un diagnóstico de los sistemas de producción con respecto a diversas dimensiones (ambiental, social, económica ...) y en una variedad de contextos (sistemas de producción, comunidades, territorios, zonas agroecológicas, etc.). Explica cómo se desarrolló el marco analítico propuesto por la FAO, cuáles son sus principios subyacentes y cuáles son sus componentes metodológicos.

Este documento se puede utilizar para desarrollar proyectos con el objetivo de generar evidencia y recopilar datos sobre la agricultura sostenible y el papel particular de los enfoques agroecológicos. También se puede utilizar para analizar cómo los esfuerzos existentes para medir la agroecología pueden contribuir a la construcción de evidencia armonizada y relevante a nivel mundial. Debido a que el proceso para el desarrollo de este marco incluyó consultas y una revisión de otros marcos existentes para la evaluación de la agroecología en diversos contextos, estos otros marcos pueden usarse para ayudar a comparar situaciones y desempeño.

FOTO En la siguiente página: Hombre regando los cultivos en un paisaje diversificado en Lubumbashi, provincia de Katanga, República Democrática del Congo.

SECCIÓN 2

DESARROLLANDO UN MARCO ANALÍTICO GLOBAL SOBRE AGROECOLOGÍA

Para responder a la solicitud del Comité de Agricultura (COAG, uno de los órganos rectores de la FAO), la FAO, dentro de su Programa estratégico 2 sobre agricultura sostenible, recibió la tarea de desarrollar un Producto de conocimiento mundial sobre agroecología, como uno de los siete Productos de Conocimiento Mundial intersectoriales diseñado para proporcionar soluciones globales innovadoras en agricultura sostenible a través de la colaboración interdisciplinaria. El producto de conocimiento consta de herramientas para respaldar la toma de decisiones basada en la evidencia: un marco analítico global y una base de datos de apoyo para evaluar el desempeño multidimensional de la agroecología.

Si bien el marco analítico proporciona la teoría, los antecedentes y el enfoque propuesto para medir el desempeño y evaluar la agroecología en términos de métricas y métodos, la base de datos global será el depósito de datos generados por la aplicación del marco en estudios de caso en una diversidad de sistemas de producción y regiones. La base de datos permitirá análisis dentro de contextos particulares y proporcionará instantáneas del desempeño a diferentes escalas a través de ubicaciones geográficas en diferentes escalas de tiempo (por ejemplo, antes y después de la implementación de un proyecto). Esta base de datos de la FAO garantizará el anonimato del sistema donde se recopilaron los datos y utilizará protocolos y estándares modernos de protección de datos.

2.1 OBJETIVOS

El objetivo general del marco analítico y la base de datos es **producir evidencia sobre el desempeño de los sistemas agroecológicos** en las dimensiones ambiental, social y cultural, económica, de salud y nutrición y de gobernanza de la sostenibilidad para apoyar transiciones agroecológicas a diferentes escalas, en diferentes lugares, a través de diferentes marcos de tiempo y para apoyar la formulación de políticas de agroecología específicas del contexto. En palabras simplificadas, el marco analítico tiene como objetivo proporcionar un diagnóstico del desempeño agrícola en muchas dimensiones para ir más allá de las medidas estándar de productividad (por ejemplo, rendimiento/ha) y representar mejor los beneficios y las compensaciones de los diferentes sistemas agrícolas.

Los objetivos específicos son:

» **Generar conocimiento y empoderar a los productores** a través del proceso colectivo de producir datos y evidencia sobre sus propias prácticas;

» **Apoyar los procesos de transición agroecológica** a diferentes escalas y en diferentes lugares proponiendo un diagnóstico de los desempeños a lo largo del tiempo e identificando áreas de fortalezas / debilidades y entornos propicios / discapacitantes;

» **Informar a los formuladores de políticas e instituciones de desarrollo** mediante la creación de referencias sobre el desempeño multidimensional de la agroecología y su potencial para contribuir a los ODS.

2.2 PROCESO

El marco analítico se basa en el trabajo en curso de la FAO y sus socios. Adapta los marcos existentes para evaluar la agroecología. Por lo tanto, la FAO ha adoptado un enfoque participativo, que incluía los siguientes pasos y se resume en la Figura 1.

FIGURA 1 Proceso y cronograma para el desarrollo del marco analítico global sobre agroecología

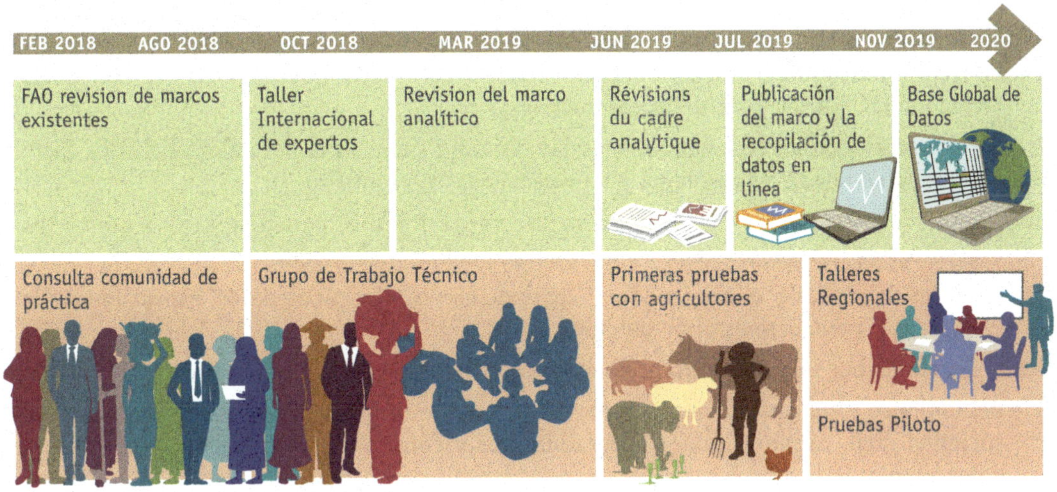

FEB 2018 AGO 2018 OCT 2018 MAR 2019 JUN 2019 JUL 2019 NOV 2019 2020
FAO revision de marcos existentes
Taller Internacional de expertos
Revision del marco analítico
Révisions du cadre analytique
Publicación del marco y la recopilación de datos en línea
Base Global de Datos
Consulta comunidad de práctica
Grupo de Trabajo Técnico
Primeras pruebas con agricultores
Talleres Regionales
Pruebas Piloto

Estos pasos incluían:

- Revisión de los marcos e indicadores existentes para la evaluación de la agroecología y, en general, de los enfoques para promover la agricultura sostenible (febrero-mayo de 2018);
- » Consulta interna de la FAO con unidades técnicas y oficinas descentralizadas, para redactar un conjunto de indicadores (febrero-septiembre de 2018);
- Encuesta pública con más de 400 participantes para identificar los marcos analíticos existentes faltantes y discutir el borrador del conjunto de indicadores (agosto-septiembre de 2018);
- Taller internacional de expertos[1] (8-9 de octubre de 2018, FAO, Roma) para presentar una selección de los marcos existentes desarrollados por los socios y discutir cómo los marcos existentes pueden contribuir al marco analítico global de la FAO; revisar el borrador del conjunto de indicadores y acordar el camino a seguir;
- Proyecto de marco analítico desarrollado con el apoyo de un Grupo de Trabajo Técnico formado durante el taller basado en los comentarios de los expertos y en las conclusiones del taller (octubre de 2018-mayo de 2019);
- Primeras pruebas del borrador del marco analítico en una selección de estudios de casos y proyectos (junio-septiembre de 2019) y posterior informe sobre sus fortalezas y debilidades con el fin de perfeccionarlo;

[1] Nombres y ocupación de los participantes en el taller, están listados en el Anexo 1.

» Talleres regionales para presentar TAPE y crear capacidad en los países para utilizarlo (comenzando en las regiones RAP y RLC en 2019) y publicación del marco final para ser probado, así como una herramienta de recolección de datos en línea.

2.3 PRINCIPIOS FUNDACIONALES

Durante el proceso participativo de desarrollo se establecieron 20 principios para el desarrollo del marco analítico, los cuales fueron validados y completados durante el taller de expertos internacionales. El marco analítico debería:

1. Construir tanto como sea posible sobre las fortalezas de los marcos, herramientas, metodologías, iniciativas y datos **existentes.**
2. Ser de **amplia aplicación**, equilibrando la necesidad de medir la naturaleza holística (pero no exhaustiva) de la agroecología y su especificidad de contexto.
3. Ser **teóricamente robusto, pero operativamente flexible** para adaptarse a contextos específicos en todos los sistemas y sectores de producción agrícola.
4. Medir los datos clave, **minimizando el costo** de la recopilación de datos, especialmente la carga para los productores al proporcionar datos.
5. Ser **probado** por socios relevantes para revisión, validación y mayor adaptación.
6. Desarrollarse y aplicarse de **manera participativa** que incluya a gobiernos, investigadores, sociedad civil, organizaciones de productores y consumidores comprometidos con la agroecología.
7. Generar evidencia para la agroecología que pueda ser utilizada por las partes interesadas a **nivel local, nacional y global** para abogar por políticas públicas y apoyo financiero. Al analizar los impactos de los sistemas agroecológicos, los resultados también deberían ser útiles a **nivel territorial** (por ejemplo, en el desarrollo y seguimiento de proyectos y respuestas comunitarias).
8. Recopilar datos que se centren en los niveles **granja/hogar y comunitario/territorial** como una prioridad, pero que permitan la agregación a un nivel superior.
9. Construir una **asociación a largo plazo para la recopilación de datos**, incluidas las inversiones en el desarrollo de capacidades a nivel local.
10. Aprovechar y combinar **diferentes fuentes de conocimiento**, incluido el conocimiento de la ciencia y la práctica, que incluye datos cualitativos y cuantitativos en diferentes escalas espaciales y temporales.
11. Aplicar un enfoque de sistemas socio-ecológicos que sea capaz de abordar los **sistemas de producción integrados** (cultivos-ganado-árboles-peces).
12. Incluir un **número limitado de criterios básicos** con indicadores flexibles basados en dimensiones acordadas que sean de relevancia universal y que sean necesarias para una evaluación coherente y global de los sistemas agroecológicos.
13. Utilizar criterios e indicadores que permitan **caracterizar** los niveles agroecológicos de transición y evaluar el **desempeño** clave de los sistemas agroecológicos.
14. Incluir indicadores de desempeño que reflejen la **contribución de la agroecología a los ODS** como un medio para involucrar a los legisladores.

15. Asegurar que la caracterización de sistemas agroecológicos identifique valores de referencia locales para comparar sistemas agroecológicos y otros **basados en los 10 Elementos de la Agroecología**.
16. **Desagregar los datos** por edad, género y diversidad de productores cuando sea posible, así como por ubicación y hora.
17. Simplificar los indicadores tanto como sea posible e **involucrar a los productores en la recolección de datos**; La "ciencia ciudadana" se puede complementar con otros métodos.
18. **Destacar la contribución de la agroecología a los desafíos y tendencias mundiales**, especialmente la seguridad alimentaria y la nutrición, la adaptación y mitigación del cambio climático, la biodiversidad y la degradación de la tierra.
19. **Incluir factores clave habilitantes/incapacitantes** para la transición agroecológica.
20. Analizar las **compensaciones y las sinergias** entre los 10 elementos y también entre los ODS.

2.4 ATRIBUTOS CLAVE DE MARCOS EXISTENTES

Recientemente, los esfuerzos para evaluar la agroecología han dado como resultado el desarrollo de una serie de marcos, que se centran en diferentes dimensiones de la sostenibilidad o en diferentes regiones del mundo, dirigidos principalmente a científicos y extensionistas agrícolas. El Cuadro 1 presenta una lista no exhaustiva de los marcos y de sus atributos que fueron incorporados en este marco, así como las diferencias. Esto se basó en la revisión preliminar realizada por la FAO, en el taller de expertos internacionales y la definición participativa de los principios fundacionales.

Por lo tanto, este marco se basa en otros existentes y debe considerarse complementario. De hecho, la recopilación de datos y el trabajo de campo ya realizado por los socios, así como su experiencia en la evaluación de la agroecología en una variedad de contextos y países, pueden contribuir a probar y perfeccionar el marco propuesto aquí.

2.5 UN ENFOQUE ESCALONADO

Para alinearse con estos principios, se desarrolló un enfoque escalonado, inspirado en la Evaluación de Sistemas de Manejo de Recursos Naturales, o MESMIS por sus siglas en español (López-Ridaura *et al.* 2002). MESMIS es un marco de evaluación de referencia comúnmente utilizado en América Latina, que proporciona principios y pautas para la derivación, cuantificación e integración de indicadores específicos del contexto a través de un proceso participativo que involucra a actores locales. El ciclo de evaluación MESMIS presenta un vínculo inextricable entre la evaluación del sistema, el diseño y la mejora del sistema.

El enfoque escalonado se resume en la Figura 2 y se describe en la sección 3. Se basa en dos pasos centrales (1 y 2) complementados con una descripción preliminar del contexto y los sistemas (paso 0), con la inclusión de una tipología facultativa (paso 1bis) y un análisis final e interpretación participativa de los resultados (paso 3). El paso 0 debe llevarse a cabo a nivel de comunidad o territorial además del nivel de finca u hogar para proporcionar una descripción preliminar más completa del contexto y los sistemas. Los tres pasos de diagnóstico (paso 0, 1 y 2) están destinados a realizarse utilizando una encuesta en línea en su totalidad y con una duración no superior a 4 horas con la finca o el hogar como unidad de medida. La encuesta está destinada a ser accesible y fácil de implementar. En la sección 2.6 se encuentra disponible más información sobre la metodología de muestreo y el espacio de inferencia para la recopilación de datos.

CUADRO 1 **Atributos clave retenidos de una serie de marcos existentes revisados y diferencias principales**

MARCO	ATRIBUTOS CLAVE RETENIDOS	DIFERENCIAS
MESMIS - Marco para la Evaluación de Sistemas de Manejo de recursos naturales incorporando Indicadores de Sostenibilidad (GIRA-UNAM)	» Participativo » Gradual » Jerárquico » Flexible » Inicia con la Contextualización	Los indicadores se pueden cuantificar mediante un método diferente al del protocolo proporcionado en este marco.
GTAE - Grupo de trabajo sobre las Transiciones Agroecológicas (CIRAD-IRD-AgroParistech) - Memento pour l'évaluation de l'agroécologie	» Simple y lleva bastante tiempo » Permite la integración en sistemas más amplios de seguimiento y evaluación. » Casi todos los criterios son comunes	La première Paso du diagnostic agraire complet n'est pas incluse dans ce cadre. Il est proposé de faire figurer certains critères parmi les critères avancés parce qu'ils nécessitent plus de temps et de ressources.
SOCLA - Société scientifique latino-américaine d'agroécologie - méthode d'évaluation de la durabilité et de la résilience dans l'agriculture	» Inclusion de l'évaluation de la santé des sols dans les critères de base » Quasi-totalité des autres critères en commun » Évaluation participative et simplicité	L'évaluation approfondie de la santé des cultures n'est pas incluse dans ce cadre.
Marco de evaluación de intensificación sostenible (Universidad Estatal de Michigan)	» No enfocado en prácticas particulares » Aborda diferentes escalas (campo / animal, granja / hogar, comunidad / territorio) » Los 6 dominios son comunes	Algunos de los criterios / indicadores se incluyen como avanzados y no básicos en este marco.
LUME - Método de Análisis Económico-Ecológico de los Agroecosistemas (AS-PTA y MAELA)	» Basado en el método MESMIS » Casi todos los criterios / indicadores son comunes » Valorar la economía no monetaria invisible	Centralidad del principio de autonomía vs uno de los aspectos a valorar en este marco.
Midiendo el impacto de ZBNF, la agricultura natural de presupuesto cero (Departamento de Agricultura del Estado, Andhra Pradesh y Centro Amrita Bhoomi)	» Autoevaluación participativa y posible » Gran número de indicadores / impactos comunes	Método en gran parte dejado al implementador para definir.
Economía de los ecosistemas y la biodiversidad - **TEEB** (CIIA)	» Separa 2 pasos: descripción del sistema y análisis de los impactos » Se incluyen 4 dimensiones de impactos (y este marco agrega una quinta)	Evaluación económica basada en 4 capitales, que no es el punto de entrada en este marco.

>>>

>>>

MARCO	ATRIBUTOS CLAVE RETENIDOS	DIFERENCIAS
Enfoque de medios de vida rurales sostenibles (CIRAD)	» Incluye un análisis del contexto (instituciones, actividades del hogar...) » Podría adaptarse a este marco integrando los 10 elementos en la calificación de activos	No es participatorio.
Metodologías Participativas de Malawi y Tanzania (Universidad Cornell)	» Evaluación de sistemas en transición » Participativo y basado en entrevistas	No prescribe indicadores.
SAFA (evaluación de la sostenibilidad de los sistemas agrícolas y alimentarios)	» Incluye 4 dimensiones de sostenibilidad (medio ambiente, social, economía y gobernanza), que son 4 de las 5 dimensiones de este marco. » Tiene como objetivo ser universal / global	Requiere mucho tiempo (21 temas y 58 subtemas, 118 indicadores) Se dirige a empresas (granjas o compañías).

FIGURA 2 Marco analítico global de la agroecología paso a paso

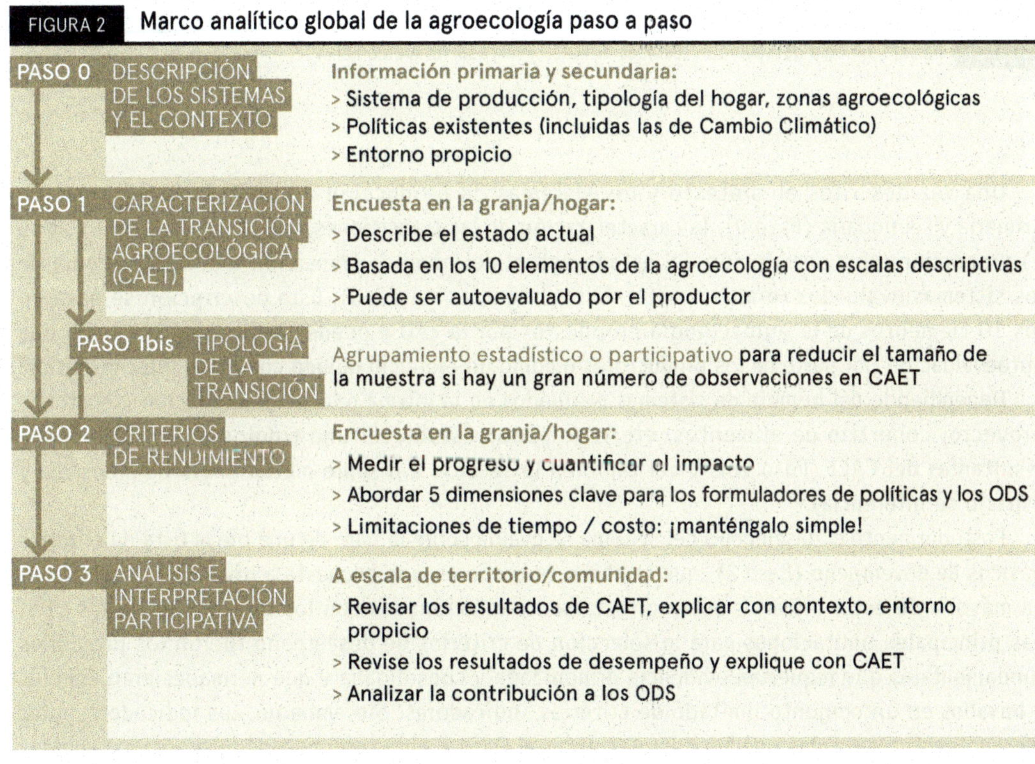

FOTO Paisaje agrícola del valle con terrazas fluviales y ferrocarril, Alemania.

Una vez descritos el contexto y los sistemas de producción a partir de la información primaria y secundaria (Paso 0), la caracterización de las transiciones agroecológicas (CAET, Paso 1) proporciona una descripción del estado actual del nivel de transición a la agroecología de los sistemas evaluados (granja, pastoralista, hogar, comunidad). Esta descripción se basa en los 10 Elementos de la Agroecología propuestos por la FAO y puede ser completada como una autoevaluación por parte de los productores o como un ejercicio guiado con otros intermediarios.

Dependiendo del número de sistemas evaluados en la misma relativa inmediación (territorio, proyecto, cobertizo de alimentos, etc.), se puede establecer una tipología de transiciones resultantes del CAET (Paso 1bis y ver también la sección 2.6 sobre metodología de muestreo y espacio de inferencia).

Posteriormente el desempeño del sistema se evalúa sobre la base de una breve lista de criterios básicos de desempeño (Paso 2), que también se basan en una encuesta a nivel de finca u hogar. La mayoría de estos criterios están directamente relacionados con los indicadores de los ODS. Las principales limitaciones para la selección de criterios de desempeño fueron los principios fundamentales que requerían evidencia armonizada y consolidada y que permanecieran simples y basados en un conjunto limitado de criterios/indicadores. Sin embargo, los indicadores y las metodologías avanzadas pueden complementar el Paso 2 para informar los intereses específicos de sostenibilidad.

Los pasos 0, 1 y 2 se pueden completar juntos en el formulario de encuesta en línea, con una granja u hogar como la unidad de medida más pequeña dentro de un territorio en particular. Se deben muestrear numerosas unidades experimentales dentro del mismo territorio en un espectro de producción agroecológica para crear espacios de inferencia sobre el desempeño relativo de estos sistemas (sección 2.3). Si estas unidades son homogéneas y cumplen con otros parámetros de robustez estadística, se pueden agregar para luego proporcionar una "imagen" a nivel territorial del desempeño de los sistemas agroecológicos.

Finalmente, se realiza un análisis de los resultados de los pasos anteriores, así como una interpretación participativa (Step 3). Los resultados del CAET y la identificación de fortalezas y debilidades en los sistemas evaluados pueden ser correlacionados o discutidos por el entorno propicio y el perfil o contexto del Paso 0. A su vez, el desempeño evaluado en el Paso 2 se analiza a la luz de los resultados del CAET: los vínculos entre elementos fuertes (o débiles) de la agroecología pueden correlacionarse con buenos (o malos) resultados.

2.6 ESCALA DE EVALUACIÓN, RECOLECCIÓN DE DATOS Y METODOLOGÍA DE MUESTREO

Si bien la finca/hogar es la unidad de medida elemental para TAPE, el marco requiere datos y tiene como objetivo proporcionar resultados a escala del territorio/comunidad. De hecho, mientras que la unidad elemental para el manejo agrícola es la finca/hogar, el territorio/comunidad es la escala donde tienen lugar una serie de procesos necesarios para la transición agroecológica. Tanto el Paso 0 como el Paso 1 requieren datos para escalas más altas que la finca/hogar, en términos de entorno propicio y descripciones del agroecosistema (Paso 0) y para completar la encuesta para los elementos de Co-creación e Intercambio de Conocimientos, Circular y Economía Solidaria y Gobernanza Responsable (Paso 1 CAET).

La recopilación de datos para el Paso 2 (Criterios de desempeño) se realiza a nivel de finca/hogar, pero los resultados se pueden escalar desde su agregación al nivel de territorio/comunidad, en particular en el caso de la aplicación del Paso 1 bis, la tipología de transiciones para reducir el tamaño de la muestra de sistemas a evaluar en función del resultado del CAET.

El Paso 3 (Análisis participativo de los resultados) es un paso crítico para interpretar los resultados de la manera más precisa para la comunidad y para validar el escalamiento desde la finca al nivel del territorio y para proporcionar retroalimentación sobre cómo los factores contextuales y habilitadores determinados en el Paso 0 puede estar afectando el desempeño agroecológico general determinado en los Pasos 1-2.

Esta agregación requiere en particular definir con cuidado el método de muestreo, que está estrechamente relacionado con los objetivos del análisis. A menudo se utiliza un muestreo estratificado. Las fincas y/o unidades de hogar se muestrean dentro del mismo territorio para proporcionar un espacio de inferencia territorial, bajo la hipótesis de que las unidades que pertenecen al mismo territorio son más similares entre sí que las unidades en territorios diferentes y, por lo tanto, cualquier diferencia (varianza) entre observaciones pertenecientes a un mismo grupo territorial provienen de su nivel de aplicación de prácticas agroecológicas. Esta metodología se puede adaptar a cualquier nivel de análisis; de hecho, un estrato puede consistir en un municipio, una cuenca, una provincia, una región o cualquier otra área definida.

Si, debido a limitaciones de tiempo o presupuesto, no es posible encuestar todas las fincas/hogares dentro de un territorio extenso, se recomienda una exclusión/inclusión aleatoria de las unidades de observación, después de la identificación del tamaño de muestra adecuado. El tamaño de la muestra se puede determinar a través de varias fórmulas en función del tamaño total de la población objetivo dentro del territorio.

© Pixabay/InspiredImages

FOTO Los polinizadores tienen un papel muy importante en los agroecosistemas saludables.
En la siguiente página: Dátiles y legumbres en un mercado local en Marruecos.

SECCIÓN 3

TAPE, PASO A PASO

- PASO 0. DESCRIPCIÓN DE LOS SISTEMAS Y EL CONTEXTO
- PASO 1. CARACTERIZACIÓN DE LA TRANSICIÓN AGROECOLÓGICA (CAET)
- PASO 1BIS. (OPCIONAL) TIPOLOGÍA DE TRANSICIÓN
- PASO 2. CRITERIOS BÁSICOS DE DESEMPEÑO
- PASO 3. ANÁLISIS CONJUNTO DE LOS PASOS 1 Y 2 E INTERPRETACIÓN PARTICIPATIVA

3.1 PASO 0. DESCRIPCIÓN DE LOS SISTEMAS Y EL CONTEXTO

La clasificación general de los sistemas productivos y el contexto en el que operan es un preámbulo de la caracterización de la transición agroecológica y puede considerarse como un Paso 0. Esto incluye una descripción de las principales características y contextos socioeconómicos, ambientales y demográficos de los sistemas tales como ubicación, tamaño del hogar, activos productivos, zona agroecológica, accidentes geográficos, bosques, acceso a la tierra, productos básicos producidos y sistemas de producción en la región. El paso 0 también incluye una descripción del entorno propicio (o incapacitante) para la transición agroecológica, en escalas más altas que el sistema evaluado (por ejemplo, provincial o nacional). Por ejemplo, inventario de políticas relevantes para la agroecología (favoreciendo o limitando), marco institucional y legal, estructuras de mercadeo para varios tipos de productos, impulsores socioculturales, ambientales y/o históricos. Este paso se puede llevar a cabo a nivel comunitario o territorial con una variedad de actores (por ejemplo, agentes gubernamentales, líderes comunitarios, grupos comunitarios, cooperativas de agricultores, agentes de ONG, agentes de extensión, etc.), pero también debe realizarse para cada finca u hogar muestreado.

Las limitaciones existentes como el acceso a los recursos naturales (tierra y agua en particular) o al capital, el impacto del cambio climático y la existencia (o no) de políticas adecuadas para abordar estas limitaciones también forman parte de la descripción del contexto.

La información secundaria (literatura publicada y metadatos existentes, como informes de países realizados por el gobierno y organizaciones de la ONU, estadísticas nacionales, documentos de proyectos de ONG, etc.) y la consulta semiestructurada con informantes clave son las principales fuentes de información para este Paso. Los elementos que se recopilarán para el Paso 0 se enumeran en el borrador de la encuesta en el Anexo 2.

3.2 PASO 1. CARACTERIZACIÓN DE LA TRANSICIÓN AGROECOLÓGICA (CAET)

El Paso 1 consiste en caracterizar el nivel de transición a la agroecología de los sistemas agrícolas (por ejemplo, granjas, hogares, comunidades/territorios) en base a los 10 Elementos de la Agroecología (FAO, 2018d) según lo propuesto por la FAO (2018) y apoyado por sus órganos rectores (FAO, 2018b). Los 10 elementos se utilizan como criterio para definir índices semicuantitativos que toman la forma de escalas descriptivas con puntajes de 0 a 4 (una escala modificada tipo Likert).

Por ejemplo, para el elemento de "Diversidad", los índices relevantes son (i) Diversidad de cultivos, (ii) Diversidad de animales, (iii) Diversidad de árboles, y (iv) Diversidad de actividades, productos y servicios (Cuadro 2). La puntuación del primer índice para este elemento varía de 0 a 4, dependiendo de qué tan diversificada sea la producción de cultivos. Las puntuaciones de los cuatro índices se suman (por ejemplo, 2 + 3 + 3 + 4 = 12) y los totales se estandarizan en una escala del 0 al 100 por ciento (12/16 = 75 por ciento) para obtener la puntuación general del elemento. "Diversidad". El mismo método se aplica a los 10 elementos. El número total de índices que se puntuarán en el CAET es 37. En el Anexo 2 se proporcionan detalles de las escalas descriptivas para los 37.

El CAET puede basarse en encuestas directas con productores / miembros del hogar / líderes comunitarios o revisando bases de datos existentes de caracterizaciones previas de sistemas de producción. El CAET puede implementarse en aproximadamente una hora en una granja, en el hogar o en la comunidad.

CUADRO 2 **Caracterización de la Transición Agroecológica (CAET): escalas descriptivas y puntajes para el elemento de "Diversidad"**

	INDICE	0	1	2	3	4
DIVERSIDAD	Cultivos	Monocultivo (o sin cultivos)	Un cultivo que cubre más del 80% del área cultivada	Dos o tres cultivos	Más de 3 cultivos adaptados a las cambiantes condiciones climáticas locales	Más de 3 cultivos y variedades adaptadas a las condiciones locales. Granja espacialmente diversificada por cultivos múltiples, poli o intercalados
	Animales (incluyendo peces e insectos)	No se crían animales	Una sola especie	Varias especies, con pocos animales	Varias especies con un número significativo de animales	Gran número de especies con diferentes razas bien adaptadas a las cambiantes condiciones climáticas locales
	Árboles (y otras plantas perennes)	Sin árboles (ni otras plantas perennes)	Pocos árboles (y/u otras plantas perennes) de una sola especie	Algunos árboles (y/u otras plantas perennes) de más de una especie	Número significativo de árboles (y/u otras plantas perennes) de diferentes especies	Gran cantidad de árboles (y/u otras plantas perennes) de diferentes especies integradas dentro de la tierra agrícola
	Diversidad de actividades, productos y servicios	Una sola actividad productiva (por ejemplo, vender solo una cosecha)	Dos o tres actividades productivas (por ejemplo, vender 2 cultivos o un cultivo y un tipo de animales)	Más de 3 actividades productivas	Más de 3 actividades productivas y un servicio (por ejemplo, procesamiento de productos en la finca, ecoturismo, transporte de productos agrícolas, capacitación, etc.)	Más de 3 actividades productivas y varios servicios

Una vez que se calculan las puntuaciones generales para cada elemento, cada sistema puede representarse en un diagrama tipo radar como se ilustra en las Figuras 3 y 4.

El paso 1 puede ser completado como una autoevaluación por productores o líderes comunitarios o como ejercicio guiado por técnicos, trabajadores de ONG, científicos o agentes gubernamentales. Si bien no se define un umbral prescriptivo, se considera que los sistemas con puntajes altos en los 10 elementos ya están bien comprometidos con la transición agroecológica.

Para reflejar prioridades o especificidades específicas en el contexto local, se pueden asignar pesos a cada elemento (o índice dentro de un elemento), en el Paso 3 en consulta con las partes interesadas durante la fase de interpretación. No se recomienda agregar ninguna ponderación hasta el Paso 3, a fin de proporcionar datos armonizados. En este caso, las ponderaciones deben aplicarse de manera uniforme en todo el espacio de muestreo (territorio, comunidad, etc.) y la puntuación promedio debe calcularse como un promedio ponderado.

FOTO Mujer vendiendo una variedad de vegetales en el mercado local, Chad.

Los puntajes se pueden utilizar para realizar comparaciones rápidas para revelar diferencias entre sistemas (por ejemplo, agregados de granjas, comunidades, etc.) en términos del grado de transición a la agroecología. Por ejemplo, la Figura 4 muestra los puntajes del CAET calculados para tres fincas productoras de tabaco en diferentes niveles de transición agroecológica. Las tres fincas son administradas por familias y todas están ubicadas en el mismo territorio de Cuba (provincia de Pinar del Río), donde el entorno es altamente propicio para el proceso de transición gracias al apoyo gubernamental a la agroecología, un acceso seguro a la tierra y la existencia de una metodología generalizada para la creación conjunta y el intercambio de conocimientos entre agricultores. La primera finca está produciendo tabaco como monocultivo de manera convencional (línea roja), mientras que las otras dos fincas han estado involucradas en procesos de transición agroecológica durante tres años (línea verde, reciente) y diez años (línea azul, avanzado). Este último ya está más diversificado en términos de producción agrícola y animal, recicla más materia orgánica y nutrientes y hace un mejor uso de los recursos ecosistémicos disponibles (Lucantoni *et al.*, 2018). El ejercicio puede apoyar la autorreflexión y la reflexión entre pares e informar la discusión sobre cómo avanzar en la transición agroecológica. Por ejemplo, la finca que inició recientemente su transición (la verde) puede identificar los elementos de diversidad, sinergias y reciclaje como prioridades, ya que sus puntajes promedio para estos elementos están comprendidos entre el 50 y el 70 por ciento, mientras que están por encima del 70 por ciento en la finca que está más avanzada en la transición (azul).

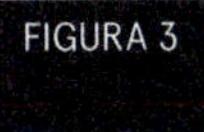

FIGURA 3 **Visualización de los resultados del CAET en tres granjas al occidente de Cuba en diferentes estados de transición agroecológica: monocultivo en producción convencional, transición reciente, y transición avanzada (Lucantoni *et al.*, 2018)**

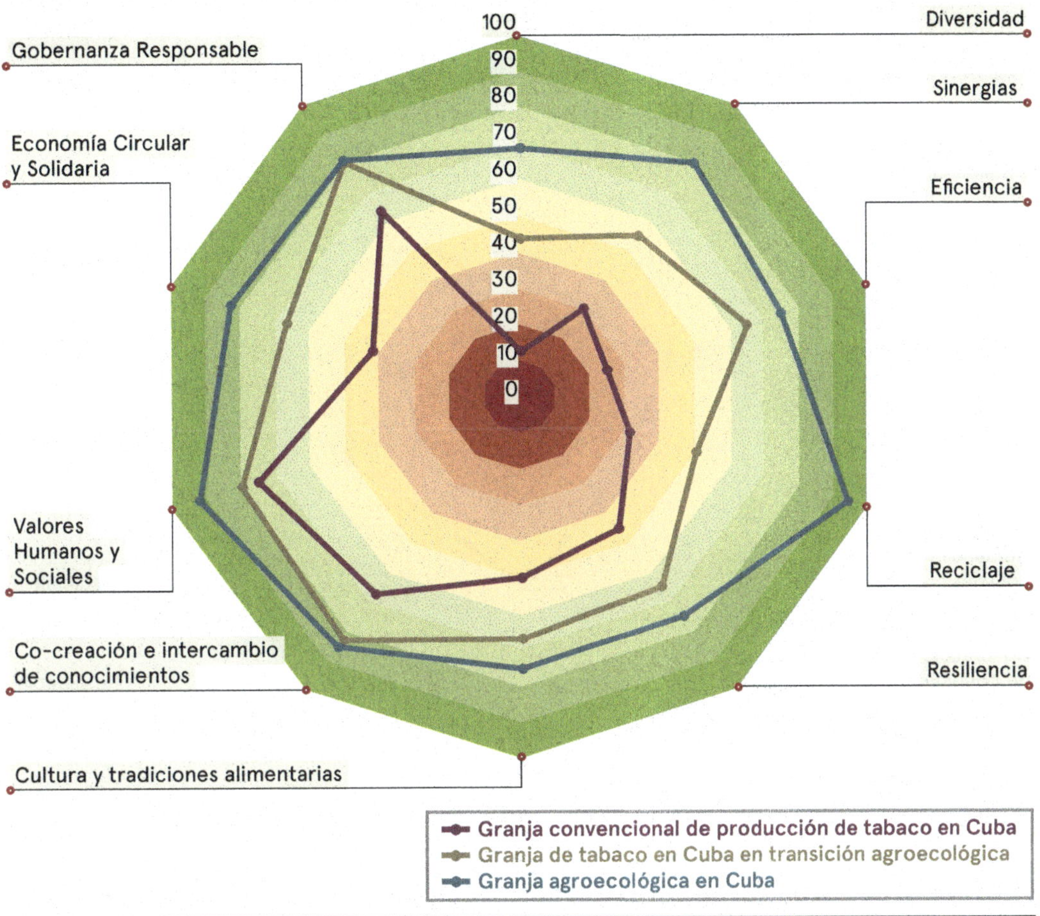

El ejemplo de la Figura 4 ilustra el uso del CAET para evaluar los impactos de un proyecto (o una política, un subsidio, una nueva regulación, una nueva tecnología, etc.), cuando se realiza antes y después de su implementación. Este caso muestra la evolución de una finca de pequeños productores antes y después de la implementación de un proyecto de 3 años financiado internacionalmente, en el área de Angola Central (provincia de Bié), donde la pobreza es generalizada, las tierras agrícolas han sido degradadas por prácticas nocivas, los productores son en su mayoría excluidos de los procesos de toma de decisiones, y la agroecología no cuenta con apoyo oficial. El proyecto tenía como objetivo mejorar los medios de vida y la nutrición de los productores mediante la diversificación de la producción agrícola con cultivos nutritivos y bien adaptados, reduciendo la dependencia de fertilizantes sintéticos y mejorando el uso de fertilizantes orgánicos, mejorando la fertilidad natural del suelo mediante la mejora de los servicios ecosistémicos, promoviendo buenas prácticas nutricionales y reintroducción de animales en el agroecosistema para un mejor aprovechamiento de la biomasa. Los puntajes promedio para los 10 elementos oscilan entre el 10 y el 30 por ciento antes del proyecto y entre el 30 y el 50 por ciento después del proyecto, lo que muestra la necesidad de mejoras adicionales a mediano y largo plazo.

FIGURA 4 **Visualización de los resultados del CAET para una finca vulnerable de pequeños productores en una zona agrícola degradada del centro de Angola, antes y después de un proyecto de desarrollo rural sostenible y mejora de la nutrición**

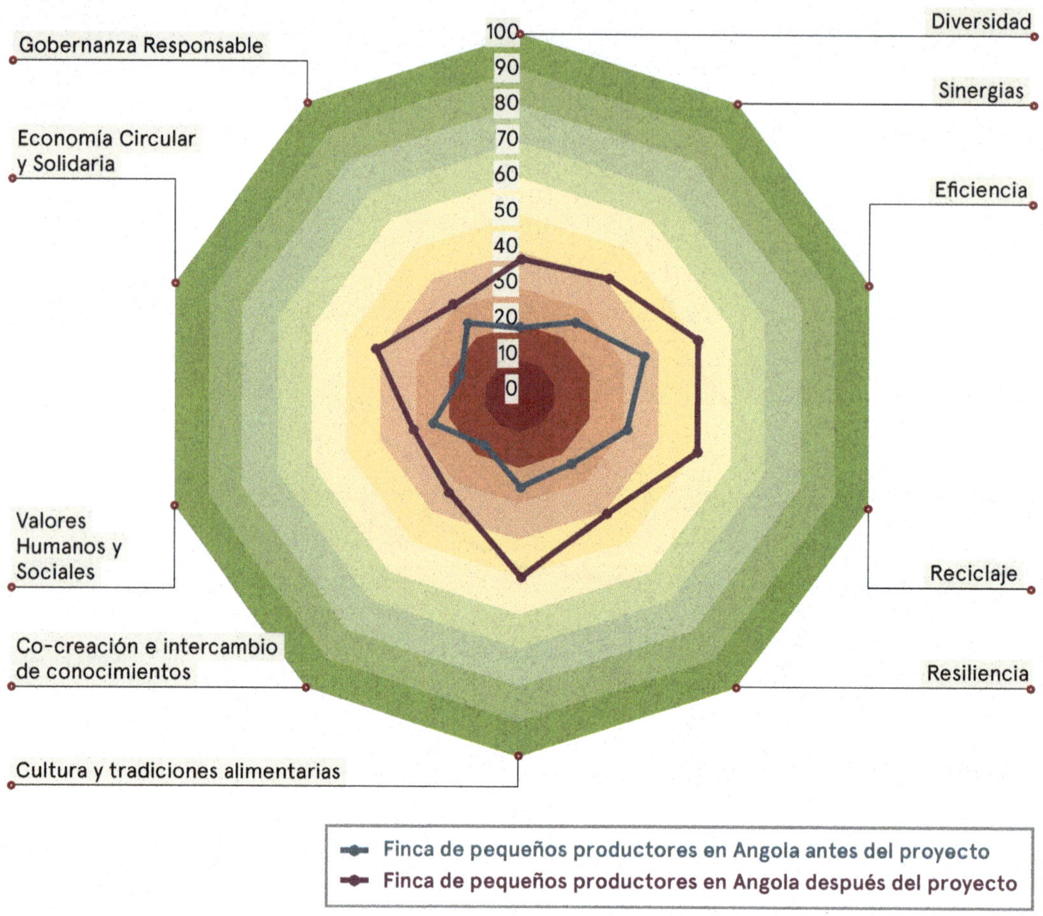

3.3 PASO 1BIS. (OPCIONAL) TIPOLOGÍA DE TRANSICIÓN

Cuando se evalúa una gran cantidad de casos utilizando el CAET dentro de un territorio o escala espacial relativamente homogénea y se demuestra que son bastante homogéneos en sus variaciones, puede ser deseable (o necesario en algunos casos) basarse en una submuestra de sistemas (o estudios de caso) antes de continuar con los criterios de desempeño (Paso 2). La selección de estos estudios de caso puede requerir alguna forma de simplificación de la diversidad de sistemas observados. Esta simplificación se puede realizar mediante una tipología de sistema. El Paso 1bis se propone como un paso opcional que consiste en analizar y categorizar los resultados del CAET mediante una tipología, que es relevante cuando se trabaja a nivel local, territorial o regional y cuando los recursos de muestreo son limitados y los diversos sistemas son homogéneos.

Los objetivos de una tipología son (i) identificar patrones comunes que pueden contribuir a una mejor focalización de políticas o acciones de desarrollo, y (ii) reducir la amplia diversidad de situaciones que se pueden encontrar sobre el terreno en unos pocos tipos o categorías manejables, desde donde se pueden realizar estudios de caso y criterios de desempeño utilizando el siguiente paso de la evaluación. Los métodos para delinear tipologías son abundantes en la literatura científica (Alvarez *et al.*, 2014, Tittonell *et al.*, 2010; Teixeira *et al.*, 2018), y van desde la autocategorización participativa por parte de los miembros de una comunidad, hasta las tipologías estadísticas la mayoría de las veces utilizando técnicas multivariadas, hasta tipologías basadas en expertos sin ningún método estadístico, etc. La descripción de las tipologías estadísticas excede el alcance de este documento. Sin embargo, como guía general, cuando el número de casos evaluados a través de CAET es pequeño, del orden de no más de 20 o 30 casos, entonces su categorización puede basarse en el conocimiento de expertos o simplemente en la observación directa. Por el contrario, con una muestra grande de sistemas evaluados y cuando se utilizan técnicas de reducción de dimensiones como el análisis de componentes principales, la relación entre el número de variables y el número de casos debe ser del orden de 1 a 5, como mínimo de 1 a 3. Dado que el marco propone el uso de 37 índices, la base de datos debe contener > 120 observaciones para un equilibrio adecuado entre las variables y los casos con tales métodos de clasificación.

La forma más sencilla de categorizar los sistemas en transición agroecológica es por la etapa en la que se encuentran en la transición (por ejemplo, no agroecológico, transición incipiente, transición avanzada, modelo de sistema agroecológico). Para guiar esta categorización, puede ser útil usar la puntuación promedio de los 10 elementos como base y definir rangos relevantes para cada categoría. Por ejemplo, se puede suponer que las puntuaciones <50 por ciento son sistemas no agroecológicos (que pueden ser una agricultura convencional orientada al mercado, así como un nivel de subsistencia), del 50 al 70 por ciento están en transición a la agroecología,> 70 por ciento son sistemas agroecológicos avanzados. Pero esta clasificación debe realizarse de manera participativa y asegurar que las rupturas sean representativas de las realidades ecológicas, sociales y económicas de los sistemas.

El Paso 1bis también consiste en seleccionar sistemas representativos como unidades experimentales (por ejemplo, granjas, hogares, comunidades, etc.) para la evaluación del desempeño en el Paso 2. El número de unidades por tipo de sistema puede ser equilibrado (por ejemplo, cinco unidades por categoría) o ponderados por la distribución de unidades dentro de cada tipo, o seleccionando unidades solo de ciertos tipos de interés y no de otros, etc. Siempre que sea posible, las unidades experimentales deben representar cada tipo o categoría, tanto en términos del patrón medio (o modal) y su variación. Un aspecto no menos importante que considerar en la selección de unidades experimentales es la característica de la finca, el hogar, la familia, los principales encuestados (hombres o mujeres), etc., según lo establecido en el Paso 0.

El CAET y el método de tipología de transición se probaron en la Patagonia, Argentina, entre diciembre de 2018 y marzo de 2019. El Cuadro 3 presenta el resultado del CAET realizado en 25 fincas. Los puntajes promedio en cada uno de los 10 elementos se presentan para cada finca individual. Las 25 fincas se clasificaron luego de acuerdo con 3 tipos según su ecosistema (montaña, estribaciones y estepas) y los resultados se promediaron dentro de cada tipo para producir el diagrama de radar que se presenta en la Figura 5. Este tipo de diagrama se puede utilizar para identificar las fortalezas y debilidades de cada tipo de sistema / finca con respecto a los 10 Elementos de la Agroecología. Por ejemplo, en el caso presentado en la Figura 5, las granjas del tipo "montaña" muestran una fuerte co-creación e intercambio de conocimientos, pero un reciclaje más débil, mientras que las granjas "esteparias" son más fuertes en el reciclaje, pero más débiles en la economía circular y la co-creación e intercambio de conocimientos. Los resultados muestran que las fincas de montaña en la Patagonia tienen, en promedio, un mayor nivel de transición a la agroecología (CAET = 69 por ciento) que las fincas de estepas y estribaciones (CAET = 60 por ciento).

CUADRO 3 Resultados de la aplicación del CAET en 25 grajas en Patagonia, Argentina (Tittonell *et al.*, 2019, sin publicar)

Éléments de l'agroécologie	HC	TA	CE	FA	MM	VA	DH	RC	OG	CC	LL	FL	AH	ND	MV	S/N	SC	AS	BT	LS	SR	T	NP	DM	DC
Reciclaje	55	65	40	5	50	25	40	50	50	55	75	55	50	30	25	50	60	65	50	60	70	65	65	85	75
Gobernanza responsable	63	44	63	38	63	81	88	31	63	31	56	63	63	44	50	56	50	50	69	31	56	63	50	56	56
Sinergias	40	45	45	50	50	35	40	75	65	75	75	75	60	30	60	65	55	55	55	65	65	70	40	60	55
Diversidad	56	69	56	44	44	44	44	75	75	81	75	81	69	81	94	75	63	31	44	56	50	50	56	63	31
Co-creación en intercambio de conocimientos	58	50	100	67	50	83	100	50	67	50	92	83	100	33	50	33	58	50	50	33	50	67	67	33	42
Resiliencia	44	38	69	50	69	69	69	63	63	56	88	88	88	81	81	56	50	69	25	50	69	75	38	63	63
Valores humanos y sociales	58	38	67	46	71	79	63	71	88	75	71	92	46	67	58	67	67	58	58	50	58	46	63	71	71
Cultura y tradiciones alimentarias	13	13	88	63	81	63	75	81	69	69	69	69	75	81	56	75	25	63	56	63	56	50	63	81	69
Eficiencia	75	55	80	70	90	75	85	70	65	80	50	80	70	75	70	55	65	60	75	63	60	70	65	70	70
Economía circular y solidaria	58	58	83	50	83	100	83	75	83	92	83	83	75	83	75	58	50	42	75	75	83	75	42	42	67

FIGURA 5 Visualización del CAET en 25 granjas en Patagonia, Argentina; después de haber usado el Paso 1-bis Tipología de Transición (Tittonell *et al.* 2019, sin publicar)

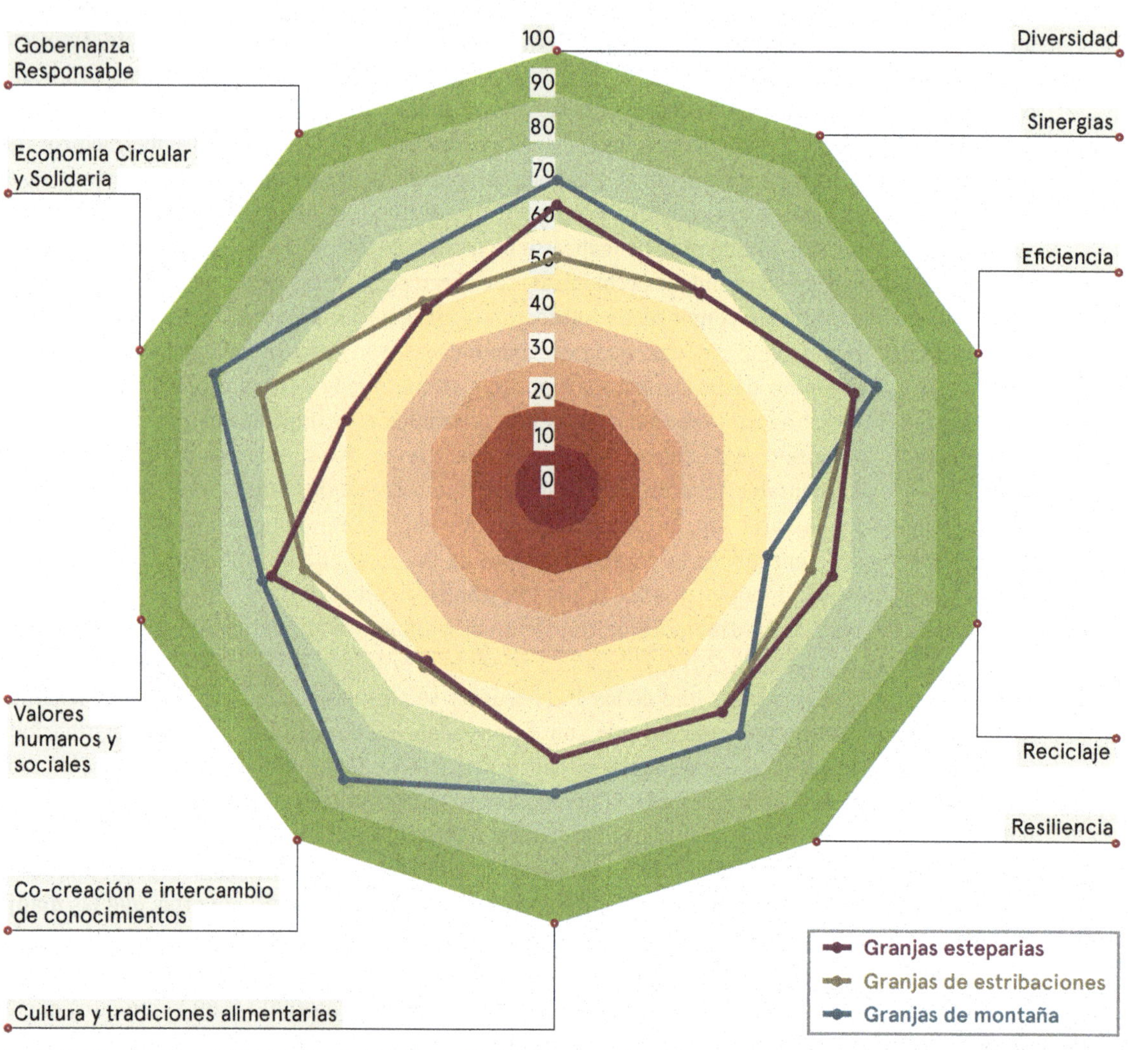

3.4 PASO 2. CRITERIOS BÁSICOS DE DESEMPEÑO

Este paso consiste en evaluar el desempeño de los sistemas (por ejemplo, granjas, hogares, territorios) en las dimensiones clave que se consideran relevantes para la alimentación y la agricultura sostenibles y para lograr los Objetivos de Desarrollo Sostenible (ODS). Las dimensiones clave se identificaron durante el Taller internacional de expertos sobre evaluación multidimensional de la agroecología (8 al 9 de octubre de 2018, FAO Roma). Se describieron como áreas de trabajo prioritarias para los responsables de la formulación de políticas para hacer que la alimentación y la agricultura sean más sostenibles. Estas 5 dimensiones clave son estratégicas para enmarcar los resultados de la evaluación y comunicarlos con el fin de informar los procesos de políticas:

- Medio ambiente y cambio climático
- Salud y nutrición
- Sociedad y cultura
- Economía
- Gobernanza

El Paso 2, al igual que el Paso 1, debe ser relevante para todos los contextos, zonas agroecológicas y sistemas de producción, pero lo suficientemente simple como para usarlo en un tiempo limitado y con recursos limitados. Los criterios utilizados para evaluar el rendimiento de los sistemas deben poder generar datos armonizados en todas las regiones, pero también deben ser lo suficientemente flexibles para reflejar prioridades específicas en el contexto local. El Paso 2 también debe ser simple, factible, fácilmente comunicable y requerir un mínimo de capacitación para ser aplicado, que fue una de las recomendaciones más sólidas del taller de expertos y del Grupo de Trabajo Técnico.

Para dar cumplimiento a estas recomendaciones se utilizó un enfoque generalista basado en los marcos de evaluación de la sostenibilidad existentes (como el MESMIS), en el que se definen criterios para cada dimensión y luego se definen indicadores para cada criterio. Se elaboró una breve lista de 10 criterios básicos a partir de una lista inicial de más de 60 indicadores, sobre la base de los resultados de la consulta en línea y del taller de expertos. Esta breve lista de 10 criterios básicos es el mínimo indispensable que debe evaluarse sistemáticamente para generar evidencia sobre el desempeño multidimensional de la agroecología:

1. Tenencia segura de la tierra (o movilidad de los pastores)
2. Productividad (y estabilidad en el tiempo)
3. Ingresos (y estabilidad en el tiempo)
4. Valor agregado
5. Exposición a plaguicidas
6. Diversidad alimentaria
7. Empoderamiento de la mujer
8. Empleo juvenil
9. Biodiversidad agrícola
10. Salud del suelo

La breve lista de criterios básicos no pretende ser exhaustiva en la evaluación de la sostenibilidad. Cada criterio individualmente no proporciona una evaluación detallada dentro de la dimensión principal que aborda. Además, un criterio puede abordar varias dimensiones. Sin embargo, como una lista completa, los 10 criterios básicos representan un marco multidimensional innovador de criterios cualitativos y cuantitativos para la agricultura que va más allá de la medición del desempeño basada en uno o unos pocos indicadores (por ejemplo, rendimiento, ingresos). Por ejemplo, la tenencia segura de la tierra es solo un aspecto de la gobernanza que puede respaldar una alimentación y una agricultura más sostenibles. Otros aspectos de la gobernanza incluyen las políticas existentes (abordadas en el Paso 0), el acceso a la diversidad genética (abordada por el criterio básico 2 bajo la dimensión principal Medio ambiente) o al agua, entre otros.

Todos los criterios básicos tienen indicadores simples que fueron identificados por la FAO con expertos en cada uno de los campos técnicos en cuestión. Todos los indicadores/mediciones se recopilan con una encuesta en la granja/hogar que se deriva de las métricas existentes relacionadas con los criterios básicos en cuestión. La recopilación de datos se realiza después del Paso 1 (CAET) el mismo día. Partes de la encuesta se realizan con mujeres y algunos datos se recopilan desglosados por sexo (diversidad alimentaria, empoderamiento de la mujer, empleo de los jóvenes). Otra parte de la encuesta se realiza como caminatas transversales en la finca/territorio (agrobiodiversidad). Los indicadores para cada criterio se presentan en detalle en las siguientes subsecciones y se resumen en el Cuadro 4. Los protocolos y cuestionarios para la recopilación de datos se pueden encontrar en el Anexo 2.

Como se señaló de gran importancia en el taller de expertos, se identificaron vínculos con los indicadores de los ODS para cada criterio. Algunos son enlaces explícitos, lo que significa que el indicador considerado en el marco corresponde exactamente al indicador o subindicador de los ODS a nivel nacional. Este es el caso de la biodiversidad agrícola y la oportunidad de empleo juvenil, por ejemplo. Algunos vínculos son más indirectos, ya que los indicadores para la agroecología, que se recopilan inicialmente a nivel de granja/hogar, no pueden alinearse directamente con los indicadores recopilados a nivel nacional para la presentación de informes sobre los ODS por los países. Por ejemplo, este es el caso del criterio básico número 3 (Ingresos netos) y cómo se vincula con los indicadores de los ODS 1.2.1 (Proporción de la población que vive por debajo de la línea de pobreza nacional, por sexo y edad).

Es imperativo que los sistemas se evalúen utilizando los 10 criterios básicos para crear datos sólidos sobre el desempeño multidimensional de la agroecología y para explicar el desempeño vinculado con los resultados del CAET. Las diferentes etapas de la transición agroecológica evaluadas en el CAET reflejan varios niveles de desempeño, pero también son útiles para identificar áreas prioritarias de mejora. Por ejemplo, puntajes de alta eficiencia y bajos valores humanos y sociales en el CAET podrían resultar en un buen desempeño en ingresos, pero un desempeño deficiente en el empoderamiento de la mujer y la diversidad alimentaria.

Este paso 2 debería contribuir a estimar el desempeño de la agroecología en todo tipo de regiones y entornos, pero también a medir el progreso hacia los ODS a lo largo del tiempo. Los resultados están destinados a poblar una base de datos pública mundial desarrollada por la FAO que permitirá un mayor análisis e identificación de prioridades para países y regiones, pero también para productores y comunidades.

Para abordar la posible necesidad de criterios adicionales, la lista corta se complementa con una serie de criterios adicionales si el tiempo y los recursos lo permiten. Estos criterios adicionales, lo que llamamos "Criterios avanzados", pueden responder a prioridades locales específicas o a las necesidades de un proyecto en particular, por ejemplo. También pueden requerir metodologías más avanzadas y, por lo tanto, no se pueden implementar fácilmente dentro de los hogares y/o comunidades.

Ya se identificaron varios criterios avanzados en el proceso de desarrollo de este marco analítico y se resumen en el Cuadro 5: por ejemplo, uso del agua, mitigación del cambio climático, trabajo decente y resiliencia al cambio climático. Se pueden agregar más con más pruebas del marco. Lo importante es que se deben recopilar los 10 criterios básicos para proporcionar la visualización multidimensional de un sistema en particular. Los indicadores avanzados están destinados a agregarse a los criterios básicos.

CUADRO 4 **10 Criterios básicos de desempeño de la agroecología y su relación con los indicadores de los ODS**

DIMENSIÓN PRINCIPAL	#	CRITERIOS BÁSICOS DE DESEMPEÑO	MÉTODO DE EVALUACIÓN PROPUESTO EN LA ENCUESTA	ODS	INDICADOR ODS
Gobernanza	1	Tenencia segura de la tierra (o movilidad segura para los pastores)	Tipo de tenencia de la tierra: propiedad, arrendamiento + duración, verbal, no explícita **(ODS 1.4.2, 5.a.1 y 2.4.1 sub-indicador 11)** Existencia y uso de convenios pastorales y corredores de movilidad	1 2 5	1.4.2 2.4.1 5.a.1
Economía	2	Productividad	Valor de la producción agrícola por hectárea **(ODS 2.4.1 sub-indicador 1)** Valor de producción agrícola por persona	2	2.3.1 2.4.1
	3	Ingresos	Productos - insumos - gastos operativos - depreciación + otros ingresos **(ODS 2.4.1 sub-indicador 2)**	1 2 10	1.1.1, 1.2.1 y 1.2.2 2.3.2 y 2.4.1 10.2.1
	4	Valor Agregado	Ingresos netos + alquileres + impuestos + intereses - subsidios	10	10.1.1 10.2.1
Salud y Nutrición	5	Exposición a pesticidas	Cantidad aplicada, área, toxicidad y existencia de equipos y prácticas de mitigación de riesgos	3	3.9.1 3.9.2 3.9.3
	6	Diversidad alimentaria	Diversidad Alimentaria Mínima para las Mujeres (FAO y FHI 360, 2016)	2	2.1.1 2.1.2 2.2.1 2.2.2 2.4.1
Sociedad y Cultura	7	Empoderamiento de las mujeres	Índice abreviado de empoderamiento de la mujer en la agricultura, A-WEAI (IFPRI, 2012)	2 5	2.4.1 5.a.1 5.a.2
	8	Oportunidad de empleo para jóvenes	Acceso a empleos, formación, educación o migración (ODS 8.6.1)	8	8.6.1
Medio Ambiente	9	Biodiversidad agrícola	Importancia relativa de las variedades de cultivos, razas de ganado, árboles y entornos seminaturales en la explotación **(ODS 2.4.1 sub-indicador 8.1, 8.6 y 8.7)**	2 15	2.4.1 2.5.1
	10	Salud del suelo	Se adaptó el método agroecológico rápido y amigable para los agricultores de SOCLA para evaluar la salud del suelo (Nicholls *et al.*, 2004)	2 15	2.4.1 15.3.1

FOTO Selección de platos tradicionales, Vietnam.

CUADRO 5 **Lista no exhaustiva de posibles criterios avanzados identificados y sus metodologías asociadas para la evaluación**

DIMENSIÓN PRINCIPAL	CRITERIO AVANZADO	POSIBLES METODOLOGÍAS DE EVALUACIÓN	ODS
Economía	Resiliencia	Autoevaluación y evaluación holística de la resiliencia climática de agricultores y pastores (SHARP) (FAO, 2019d)	1 2 8
Salud y Nutrición	Seguridad alimentaria y nutrición	» Proporción de autosuficiencia alimentaria: producción x100 / (producción + compras -ventas) » Valor nutricional de la producción agrícola	2 3
Sociedad y Cultura	Trabajo decente	Indicadores de trabajo decente para la agricultura y las zonas rurales (FAO, 2015a)	8
Medio Ambiente	Agua	» Eficiencia en el uso del agua (por ejemplo, directrices LEAP para la ganadería (FAO, 2019e)) » La contaminación del agua (por ejemplo, directrices LEAP sobre el uso de nutrientes (FAO, 2018c))	3 6
	Mitigación del cambio climático	» Emisiones de GEI (por ejemplo, Ex-Act (FAO, 2019a), GLEAM-i (FAO, 2019b), herramienta Cool Farm (Cool Farm Alliance, 2019)) » Secuestro de carbono (en desarrollo para GLEAM) » GTAE Memento pour l'évaluation de l'agroécologie (Levard *et al.*, 2019)	13

Una vez que se recopilan los datos para el Paso 2 para los 10 indicadores, el desempeño se evalúa utilizando el enfoque de "semáforo" (también utilizado por ejemplo por el ODS 2.4.1 y SAFA), en el que se consideran tres niveles de sostenibilidad para cada subindicador:

- **Verde: deseable**
- **Amarillo: aceptable**
- **Rojo: insostenible**

Este enfoque permite identificar, para cada tema, las condiciones de insostenibilidad crítica (rojo), las condiciones que pueden considerarse deseables (verde) y, en el medio, las condiciones intermedias que se consideran aceptables pero que deberían mejorarse (amarillo). Si bien en este documento se proponen umbrales para cada uno de los 10 criterios, deben revisarse y posiblemente revisarse mediante la interpretación participativa de los resultados (Paso 3).

3.4.1 TENENCIA SEGURA DE LA TIERRA (O MOVILIDAD SEGURA PARA LOS PASTORES)

El acceso equitativo a la tierra y los recursos naturales es clave para la justicia social y la igualdad de género, pero también para proporcionar incentivos para las inversiones a largo plazo que son necesarias para proteger el suelo, la biodiversidad y los servicios de los ecosistemas y aumentar la resiliencia a los factores estresantes del sistema.

La gobernanza responsable y eficaz puede apoyar la transición hacia sistemas alimentarios y agrícolas sostenibles y transformadores de género. Se necesitan mecanismos de gobernanza transparentes, responsables e inclusivos para crear un entorno propicio que ayude a los productores a transformar sus sistemas siguiendo conceptos y prácticas agroecológicas.

La agroecología está ligada al concepto de soberanía alimentaria. Su objetivo es hacer que los productores sean autónomos y autosuficientes, y definir sus propios modelos de desarrollo. La agroecología juega un papel central en los movimientos sociales rurales, en particular en el contexto de la redistribución de la tierra. Por lo tanto, se puede esperar que la transición a la agroecología esté estrechamente vinculada a un cambio en la tenencia de la tierra de los agricultores y/o una movilidad segura para los pastores.

El primer criterio se basa en los **indicadores 1.4.2, 2.4.1 y 5.a.1 de los ODS**, adaptados al nivel de finca o comunidad y completado con indicadores específicos para pastores:

» Existencia de reconocimiento legal del acceso a la tierra (movilidad para pastores)

» Existencia de documento formal y con nombre

» Percepción de seguridad de acceso a la tierra

» Existencia del derecho a vender, legar y heredar la tierra, siempre desagregado por género

Todas las preguntas deben ser contestadas por hombres y mujeres, a fin de cumplir con las prescripciones de los indicadores ODS antes mencionados, que requieren datos desagregados por género. Luego, los indicadores se utilizan de la siguiente manera para calificar los criterios de acceso a la tierra:

Verde (deseable):
Posee un documento formal con el nombre del titular;
Y tiene percepción de acceso seguro a la tierra;
Y tiene al menos un derecho a vender/legar/heredar cualquiera de las parcelas de la finca;

Amarillo (aceptable):
Posee un documento formal con el nombre del titular;
Y percepción de acceso inseguro a la tierra;
Y/O sin derecho a vender/legar/heredar la tierra;
O
Posee un documento formal incluso si el nombre del titular no está en él;
O
no posee ningún documento, pero tiene percepción de acceso seguro a la tierra;
Y posee al menos un derecho de vender/legar/heredar la tierra;

Rojo (insostenible):
No posee ningún documento;
Y percepción de acceso inseguro a la tierra;
Y/O no posee ningún derecho a vender/legar/heredar la tierra.

Estos indicadores también informan al indicador 1.4.2 (proporción de la población adulta total con derechos seguros de tenencia de la tierra, con documentación legalmente reconocida y que perciben sus derechos a la tierra como seguros, por sexo y tipo de tenencia) así como 2.4.1 sub -indicador 11 (Derechos seguros de tenencia de la tierra). Cuando se desglosa por sexo, también está directamente relacionado con el indicador 5.a.1: (a) Proporción de la población agrícola total con propiedad o derechos seguros sobre tierras agrícolas, por sexo; y (b) proporción de mujeres entre los propietarios o titulares de derechos de tierras agrícolas, por tipo de tenencia.

3.4.2 **PRODUCTIVIDAD**

La medición de la productividad proporciona información sobre la cantidad de recursos necesarios (por ejemplo, tierra, capital y trabajo en términos económicos clásicos, pero también agua o nutrientes) para producir una determinada cantidad o volumen de producto. Suele ser una medida de la relación entre la suma de todas las entradas y todas las salidas en términos físicos. Mejorar el volumen de producción a lo largo del tiempo en relación con la cantidad de insumos utilizados es un aspecto importante del desempeño. Las mejoras en la productividad agrícola contribuyen a lograr la seguridad alimentaria en un mundo con recursos limitados. También pueden contribuir a reducir los impactos ambientales de la agricultura.

Una simple observación del cambio en la producción por hectárea o por animal durante las últimas décadas puede proporcionar información básica sobre la productividad. Los rendimientos por hectárea han aumentado sustancialmente para casi todos los productos agrícolas: los cereales han pasado de una productividad media mundial de 16,5 t/ha en 1967 a 40,7 t/ha en 2017 (+147 por ciento); en el mismo período, los rendimientos de legumbres aumentaron de 6 a 10 t/ha (+67 por ciento); hortalizas de 106 a 188 t/ha (+77 por ciento); raíces y tubérculos de 111 a 132 t/ha (+19 por ciento) (FAOSTAT, 2019). Los rendimientos por animales también han aumentado, aunque en diversos grados. Entre 1961 y 2017, la producción de leche promedio por vaca lechera mejoró de 1.769 kg a 2.430 kg por año, mientras que el peso promedio de las canales de pollo pasó de 1,15 kg a 1,64 kg. En las aves de corral, en particular, las tasas de conversión alimenticia han aumentado significativamente, reduciendo la cantidad de alimento para producir 1 kg de carne, lo que se debe en parte a los períodos acortados de cría y engorde. Sin embargo, estas diversas métricas no se pueden agregar, y no reflejan las sinergias entre plantas y animales (o árboles) que están ocurriendo en la mayoría de las granjas del mundo. Además, el notable aumento en el uso de insumos no renovables ha sido clave para el aumento de los rendimientos en las últimas décadas, pero estos resultados se han logrado a través de una mayor huella de carbono y la externalización de los costos ambientales y sociales.

En 2000, los sistemas de producción integrados generaron cerca del 50 por ciento de los cereales del mundo: 41 por ciento de maíz, 86 por ciento de arroz, 64 por ciento de sorgo y 67 por ciento de la producción de mijo (Herrero *et al.*, 2012). Estos sistemas también produjeron la mayor parte de los productos pecuarios en el mundo en desarrollo (75 por ciento de la leche y 60 por ciento de la carne), y emplearon a millones de personas en granjas, en mercados formales e informales, en plantas de procesamiento y en otras etapas de la cadena de valor (FAO, 2010). La diversificación agrícola es una estrategia importante para lograr la seguridad alimentaria en África (Waha *et al.*, 2018). Los sistemas de producción diversificados pueden mejorar la productividad en general: por ejemplo, los experimentos de campo realizados mediante el uso de la relación de equivalencia de tierra para comparar monocultivos con fincas que producen con prácticas agroecológicas de cultivos intercalados y policultivos han mostrado mejores resultados en términos de producción total de biomasa (Kintl, 2018; Jaggi *et al.*, 2004; Dupraz *et al.*, 2009; Metwally *et al.*, 2018).

Por tanto, las métricas de productividad deben ir más allá del mero cálculo del rendimiento por hectárea (o por animal) y permitir la agregación de los diversos productos agrícolas. El método propuesto aquí se basa en el del **indicador 2.4.1 de los ODS, en particular, en el subindicador 1 (Valor de la producción agrícola por hectárea), con la adición del valor de la producción agrícola por persona que trabaja en la granja** (finca/sistema de producción/comunidad), con el fin de explicar mejor la productividad en grandes sistemas extensivos como el pastoreo. Por lo tanto, este criterio también informa el indicador 2.3.1 (Producción por unidad de trabajo).

La **producción agrícola** corresponde al volumen de producción agrícola a nivel de la granja teniendo en cuenta la producción de múltiples productos, por ejemplo: cultivos y ganado. Dado que el volumen de productos agrícolas no se mide en unidades proporcionales (por ejemplo, no todos los productos se miden en toneladas, y las toneladas de productos diferentes representan productos diferentes), los productos se agregan en términos de valor (es decir, cantidad multiplicada por precios). El valor de la producción (bruta) se calcula en moneda local y se convierte a PPA (paridad de poder adquisitivo).

La encuesta recopila datos sobre los 10 cultivos más importantes, los 10 productos animales más importantes y las 10 actividades/servicios más importantes dentro del sistema evaluado. Para cada producto, la encuesta recopila datos sobre la cantidad producida, la cantidad vendida y el precio en la puerta. La elección de recopilar datos solo sobre los 10 elementos principales se debe a limitaciones de tiempo y costo, pero se recomienda agrupar elementos similares para brindar la mayor cantidad de información posible. Por ejemplo, todas las especies y variedades de hortalizas se pueden agrupar en la misma categoría, así como todas las especies de aves de corral, si es necesario.

El **área de tierra de la granja** se define como el área de tierra utilizada para la agricultura dentro de la granja[2].

El **número de personas** que trabajan en la finca/comunidad es el número total de personas que trabajan en la granja, incluida la familia y el trabajo remunerado, en equivalentes a tiempo completo. Si los niños menores de 12 años contribuyen al trabajo agrícola (por ejemplo, pastoreo), representan el 50 por ciento del equivalente de un adulto.

Las proporciones calculadas se utilizan de la siguiente manera para calificar los criterios de productividad por hectárea:

- **Verde (deseable):**
  El valor de productividad por hectárea es ≥ 2/3 del valor medio nacional de producción por hectárea/año;
- **Amarillo (aceptable):**
  El valor de productividad por hectárea es ≥ 1/3 y < 2/3 del valor medio nacional de producción por hectárea/año;
- **Rojo (insostenible):**
  El valor de productividad por hectárea es < 1/3 del valor medio nacional de producción por hectárea/año.

Y de igual forma, para puntuar los criterios de productividad por persona:

- **Verde (deseable):**
  El valor de la productividad por persona es ≥ 2/3 del valor medio nacional de producción por persona;

[2] Según la clasificación SCAE-AGRI y la clasificación del Censo Agropecuario Mundial 2020.

FOTO Mujeres jóvenes con coles de su huerto de gestión propia, Etiopía.

- **Amarillo (aceptable):**
  El valor de la productividad por persona es ≥ 1/3 y < 2/3 del valor medio nacional de producción por persona;
- **Rojo (insostenible):**
  El valor de productividad por persona es < 1/3 del valor promedio nacional de producción por persona.

El valor medio nacional de producción, así como la superficie total de tierras agrícolas, se pueden obtener en las bases de datos de FAOSTAT y del Banco Mundial. El empleo en la agricultura (en número de personas) también está disponible en FAOSTAT, así como el valor agrícola agregado por trabajador.

Metodologías avanzadas: Factor total de productividad

Un método avanzado de evaluación de la productividad puede basarse en el factor total de productividad (Ludena, 2007; Abed y Acosta, 2018), para tener en cuenta (i) la cantidad total de productos/productos a nivel de finca o territorio (cultivos, animales, árboles, pescado) y (ii) la cantidad total de insumos como tierra, capital y trabajo, pero también recursos como agua y nutrientes:

$$FTP = \frac{\textit{Productos de cultivos + ganado + árboles + peces}}{\textit{Insumos de tierra + capital + trabajo + agua + nutrientes}}$$

Donde los productos y los insumos se miden en precio equivalente, a agregar.

Estabilidad de la productividad a través del tiempo

La productividad puede verse afectada por factores externos, como las perturbaciones climáticas o del mercado, o las plagas y enfermedades. La resiliencia es la capacidad de un sistema para recuperarse después de un choque y volver a encontrar un estado estable. Es una propiedad emergente que depende de las características de los sistemas y su funcionamiento. Por ejemplo, la diversificación y la integración de subsectores pueden ayudar a los productores a reducir su vulnerabilidad en caso de que falle un solo cultivo, una especie de ganado u otro producto básico. La reducción de la dependencia de insumos externos también puede reducir la vulnerabilidad de los productores al riesgo económico. Estas mejoras pueden contribuir sustancialmente a la resiliencia y estabilidad de la productividad de los hogares a lo largo del tiempo.

3.4.3 INGRESOS

Una parte importante de la sostenibilidad en la agricultura es la viabilidad económica del sistema. Esto se debe en gran medida a la rentabilidad, es decir, el ingreso neto que el productor/hogar puede obtener de las operaciones agrícolas en relación con la inversión en tierra, mano de obra y otros activos. La rentabilidad del sistema es una de las medidas clave en las que se basan muchas decisiones y se considera un motor principal de las políticas agrícolas y los posibles cambios en las políticas que puedan surgir. La disponibilidad y el uso de información sobre el desempeño económico de la granja, es decir, la rentabilidad, respaldará una mejor toma de decisiones tanto a nivel micro como macroeconómico. Dado que las medidas de desempeño impulsan el comportamiento, una mejor información sobre el desempeño puede alterar el comportamiento y la toma de decisiones por parte del gobierno y de los productores, en la agricultura comercial a gran escala, la producción agrícola de mediana y pequeña escala.

Mejorar la eficiencia de los productores mediante la mejora de los procesos biológicos y la reducción de costos de los insumos externos puede aumentar los ingresos netos de los productores y crear mercados más inclusivos e innovadores que reconecten a productores y consumidores en una economía circular y solidaria (van der Ploeg *et al.*, 2019). Por ejemplo, la adopción de prácticas agroecológicas aumenta la rentabilidad de la finca en el 66% de los casos analizados por D'Annolfo *et al.* (2017).

El método de evaluación debe capturar si el nivel de ingresos obtenidos por el productor es razonable, teniendo en cuenta los factores de producción y los activos empleados. Deben incluirse los ingresos de todas las actividades productivas, que probablemente sean importantes en el contexto de la evaluación de la sostenibilidad de la vida en las zonas rurales. Este indicador se basa en el método utilizado para el **indicador 2.4.1 de los ODS, y en particular el subindicador 2 (Ingresos netos de la finca), y para el ODS 2.3.2 (ingresos de los pequeños productores de alimentos)** y para la evaluación de la economía. desempeño de Levard *et al.* (2019).

CUADRO 6 **Cálculo del ingreso neto familiar (Levard *et al.* 2019)**

INGRESO NETO FAMILIAR =
Producto bruto (valor de la producción agrícola: cultivos, ganado, pescado, árboles) (+ subvenciones)
- Costo de insumos e impuestos (semillas, fertilizantes, plaguicidas, piensos, servicios veterinarios)
- Costo de mano de obra contratada
- Préstamos, intereses y costo de arrendamiento de terrenos
- Depreciación de maquinaria y equipo

De esta manera, el ingreso no es un reflejo únicamente de la disponibilidad monetaria, ya que los hogares que producen sus propios alimentos pueden tener una mejor puntuación y su autosuficiencia alimentaria se refleja en la fórmula. Además, se debe prestar especial atención al valor de los insumos proporcionados por el hogar. Esto incluye la mano de obra proporcionada por el hogar: es necesario tener en cuenta el costo de oportunidad de la mano de obra.

Los resultados deben convertirse en Paridad de Poder Adquisitivo (PPA) (OCDE, 2018) para permitir comparaciones entre países. Los ingresos calculados se utilizan de la siguiente manera para calificar los criterios de ingresos:

- **Verde (deseable):**
  Ingreso neto familiar/trabajador familiar > Ingreso medio en un agroecosistema similar (por ejemplo, de sistemas de monitoreo de fincas);
  O (si no está disponible) > Ingreso medio de las actividades agrícolas (datos de RuLIS (FAO, 2019c));
  O (si no está disponible) > Ingreso nacional medio (de estadísticas nacionales);
- **Amarillo (aceptable):**
  Ingreso neto familiar/trabajador familiar > línea de pobreza nacional (según la definición del Banco Mundial) Y es < al ingreso medio en un agroecosistema similar (por ejemplo, de sistemas de monitoreo de fincas);
  O (si no está disponible) < Ingreso medio de actividades agrícolas (datos de RuLIS (FAO, 2019c));
  O (si no está disponible) < Ingreso nacional medio (de estadísticas nacionales);
- **Rojo (insostenible):**
  Ingreso neto familiar/trabajador familiar < línea de pobreza nacional (según la definición del Banco Mundial).

Si los datos para el cálculo del ingreso son escasos y/o no se dispone de datos para comparar con el ingreso promedio en un sistema similar o a nivel nacional, se puede utilizar un método alternativo basado en la percepción del ingreso, similar al subindicador 2 de los ODS 2.4.1. En este caso, se debe seguir la siguiente forma para puntuar los criterios de ingresos:

- **Verde (deseable):**
  Percepción de que el ingreso está aumentando Y es > ingreso promedio en la región;
- **Amarillo (aceptable):**
  Percepción de que el ingreso es estable Y es = ingreso promedio en la región;
- **Rojo (insostenible):**
  Percepción de que el ingreso está disminuyendo O es < ingreso promedio en la región.

Este criterio también contribuye a informar el ODS 10 sobre la reducción de las desigualdades y, en particular, el indicador 10.1.1 (Tasas de crecimiento del gasto o ingreso per cápita de los hogares entre el 40% más pobre de la población y la población total) y 10.2.1 (Proporción de las personas que viven por debajo del 50% de la renta media, por sexo, edad y personas con discapacidad). También está vinculado a indicadores de niveles de pobreza como 1.1.1, 1.2.1 y 1.2.2.

Estabilidad de los ingresos a través del tiempo

Además del valor absoluto de los ingresos, su estabilidad en el tiempo es un indicador importante de la sostenibilidad económica de un sistema y de su resiliencia en particular. La diversificación y la integración pueden reducir la vulnerabilidad de los sistemas, en caso de que falle un solo cultivo, una especie de ganado u otro producto básico, al evitar una alta variabilidad de los ingresos. La reducción de la dependencia de insumos externos también puede reducir la vulnerabilidad de los productores al riesgo económico.

3.4.4 VALOR AGREGADO

Si bien el ingreso es un indicador básico de cómo se desempeña económicamente un sistema para mantener un hogar o una comunidad, no proporciona información sobre cómo se desempeña en términos de creación de riqueza. De hecho, el crecimiento económico es menos eficiente para reducir la pobreza en países con altos niveles iniciales de desigualdad o donde el patrón de distribución del crecimiento favorece a los no pobres. La desigualdad de ingresos afecta el ritmo al que el crecimiento permite la reducción de la pobreza (Ravallion, 2004). Por ejemplo, los productores en situaciones de fuertes deudas pueden tener bajos ingresos debido a los altos intereses que pagar cada año. Como otro ejemplo, un productor que posea grandes áreas de tierra y genere altos ingresos alquilando partes de su tierra tendría altos ingresos, pero no necesariamente creando valor por sí mismo.

El análisis de la renta se puede complementar con el valor agregado (van der Ploeg *et al.*, 2019), luego de eliminar los subsidios e ingresos por el arrendamiento de tierras u otros activos, y agregar impuestos, intereses de préstamos y salarios pagados por mano de obra:

CUADRO 7 **Cálculo del valor agregado bruto (Levard *et al.* 2019)**

VALOR AGREGADO BRUTO =
Ingreso neto familiar (calculado en 3.4.3)
- Subsidios e ingresos por suelo arrendado
+ Costo de mano de obra contratada
+ Intereses de préstamos y costo de arrendamiento del terreno

El valor agregado bruto calculado se puede utilizar de la siguiente manera:

- **Verde (deseable):**
  Valor agregado bruto/trabajador familiar > 1,2 x valor agregado bruto promedio en un agroecosistema similar (por ejemplo, de sistemas de monitoreo de fincas);
  O (si no está disponible) > 1,2 x PIB agrícola nacional por trabajador agrícola (FAOSTAT);
- **Amarillo (aceptable):**
  Valor agregado bruto/trabajador familiar < 1,2 x valor agregado bruto promedio en un agroecosistema similar (por ejemplo, de sistemas de monitoreo agrícola) Y
  > 0,8 x valor agregado bruto promedio en un agroecosistema similar;
  O (si no está disponible) < 1,2 x PIB agrícola nacional por trabajador agrícola (FAOSTAT) Y
  > 0,8 x PIB agrícola nacional por trabajador agrícola (FAOSTAT);
- **Rojo (insostenible):**
  Valor agregado bruto/trabajador familiar < 0,8 x valor agregado bruto promedio en un agroecosistema similar (por ejemplo, de los sistemas de monitoreo de la granja);
  O (si no está disponible) < 0,8 x PIB agrícola nacional por trabajador agrícola (FAOSTAT).

Este indicador contribuye a informar el indicador 10.1.1 de los ODS (Tasas de crecimiento del gasto o ingreso familiar per cápita entre el 40% más pobre de la población y la población total) y el indicador 10.2.1 (Proporción de personas que viven por debajo del 50% de la mediana de ingresos, por sexo, edad y personas con discapacidad).

3.4.5 EXPOSICIÓN A PESTICIDAS

Los pesticidas químicos se utilizan ampliamente en la producción de cultivos para controlar plagas dañinas y prevenir pérdidas del rendimiento de los cultivos o daños al producto. En 2018 se han utilizado alrededor de 3,5 millones de toneladas de ingrediente activo de plaguicidas (FAOSTAT, 2018). Debido a su alta actividad biológica y, en ciertos casos, a su larga persistencia en el medio ambiente, los plaguicidas pueden causar efectos indeseables para la salud humana y el medio ambiente (suelo, agua, flora y fauna).

Los productores y trabajadores agrícolas pueden estar expuestos habitualmente a altos niveles de pesticidas, generalmente mucho mayores que los de los consumidores. La exposición de los productores ocurre principalmente durante la preparación y aplicación del plaguicida y durante la limpieza del equipo de aplicación. Los productores que mezclan, cargan y aplican pesticidas pueden estar expuestos a estos químicos debido a derrames y salpicaduras, contacto directo como resultado de equipos de protección defectuosos o faltantes, o incluso a la deriva. Sin embargo, los productores pueden estar expuestos a plaguicidas incluso cuando realizan actividades que no están directamente relacionadas con el uso de plaguicidas, por ejemplo, los productores que realizan trabajo manual en áreas tratadas con pesticidas pueden enfrentar una exposición importante por aspersión directa, derivada de campos vecinos o por contacto con residuos de pesticidas en el cultivo o el suelo. Este tipo de exposición a menudo se subestima.

El uso de plaguicidas ha provocado diversas enfermedades humanas/animales y ha lesionado la fecundidad humana y el coeficiente intelectual (CI) en los últimos años (Chen *et al.*, 2004; Zhang *et al.*, 2011; Zhang, 2018). Los principales plaguicidas para las intoxicaciones humanas fueron los plaguicidas organofosforados altamente tóxicos, que representaron el 86,02 por ciento del total de casos (Zhang *et al.*, 2011). Los plaguicidas pueden considerarse altamente peligrosos si presentan niveles particularmente altos de peligros agudos o crónicos para la salud humana o el medio ambiente, particularmente para mujeres y niños. La toxicidad humana aguda alta se refiere a las propiedades del producto que pueden causar efectos inmediatos en la salud.

Los peligros para el medio ambiente incluyen la contaminación de los recursos hídricos y los suelos, y la toxicidad aguda o crónica para los organismos no objetivo que pueden provocar la interrupción de las funciones del ecosistema, como la polinización o la supresión natural de plagas. El uso mundial de plaguicidas también ha provocado la pérdida de biodiversidad: se ha identificado a los neonicotinoides como un factor clave para la disminución del número de polinizadores en todo el mundo. Además, tanto las especies como la abundancia de insectos han disminuido durante las últimas décadas y el uso de pesticidas es uno de los principales factores (Nirmal Kumar *et al.*, 2013; Zhang *et al.*, 2011; Sánchez-Bayo y Wyckhus, 2019). La exposición de los productores a los plaguicidas puede reducirse mediante el uso correcto del tipo apropiado de equipo de protección personal en todas las etapas de la manipulación de plaguicidas y en general, mediante un uso reducido de plaguicidas. Tanto hombres como mujeres deben contar con esta información y con el equipo y las medidas adecuadas para reducir los riesgos para su salud. Las medidas para reducir el uso de plaguicidas incluyen aquellas que promueven el uso de plaguicidas orgánicos no dañinos y el manejo integrado de plagas basado en enfoques ecosistémicos. Por tanto, una medida fundamental de los beneficios de la agroecología es el grado en que reduce el uso de plaguicidas dañinos y, a menudo, costosos.

Este criterio se basa en el subindicador 7 del ODS 2.4.1 (manejo de plaguicidas), y más específicamente en la cantidad de plaguicidas orgánicos y sintéticos aplicados, su nivel de toxicidad (alta/moderada/levemente, según Damalas y Koutroubas, 2016) y la existencia (o no) de técnicas de mitigación (uso de protección antes y después de la fumigación, señalización de las áreas fumigadas, etc.) en la aplicación de los pesticidas y para otras personas que viven y trabajan alrededor del área interesada (Ross *et al.*, 2015). También se consideran el uso de plaguicidas orgánicos y la implementación de prácticas beneficiosas para el manejo ecológico de plagas que pueden reducir sustancialmente la necesidad de químicos. Los datos recopilados de la encuesta se utilizan luego para calificar los criterios de exposición a pesticidas:

- **Verde (deseable):**
  Cantidad de pesticidas orgánicos usados ≥ Cantidad de pesticidas sintéticos usados
  Y pesticidas de clase I y II (alta y moderadamente tóxicos) no se usan;
  Y al menos 4 de las técnicas de mitigación enumeradas se utilizan al aplicar pesticidas químicos;
  O
  No se utilizan pesticidas químicos;
  Y se utilizan pesticidas orgánicos Y/U otras técnicas integradas para el manejo de plagas;
- **Amarillo (aceptable):**
  Cantidad de plaguicidas sintéticos usados > cantidad de plaguicidas orgánicos usados;
  Y los productores no usan plaguicidas de clase I (Altamente tóxico);
  Y al menos 4 de las técnicas de mitigación enumeradas se utilizan al aplicar los productos químicos;
  Y también se utilizan pesticidas orgánicos y/u otras técnicas integradas;
- **Rojo (insostenible):**
  Los productores usan pesticidas altamente peligrosos (Clase I) y / o pesticidas ilegales;
  O
  los productores usan pesticidas de clase II y / o III (moderadamente tóxicos y leve o relativamente no tóxicos) con menos de 4 de las técnicas de mitigación enumeradas;
  O
  los productores usan pesticidas químicos de cualquier clase Y no se usan pesticidas orgánicos ni otras técnicas integradas.

Estos indicadores también contribuyen a informar el subindicador 7 del indicador 2.4.1 de los ODS (Gestión de plaguicidas), así como el indicador 3.9.1 (Tasa de mortalidad atribuida a la contaminación del aire ambiental y de los hogares), 3.9.2 (Tasa de mortalidad atribuida al agua no potable), saneamiento inseguro y falta de higiene y 3.9.3 (Tasa de mortalidad atribuida a intoxicaciones no intencionales).

3.4.6 DIVERSIDAD ALIMENTARIA

Hoy en día, todavía existen grandes brechas en el suministro de alimentos en todo el mundo, especialmente para los grupos de alimentos densos en nutrientes. Por ejemplo, el suministro de frutas varía de 53 kg/cápita/año en el sur de África a más de 100 kg en América del Norte. El suministro de frutos secos varía entre 0,7 kg/cápita/año en África Central y 6 kg en Europa Occidental. El suministro de productos lácteos varía de 18 kg/cápita/año en el sur de Asia a más de 200 kg/cápita/año en América del Norte (en equivalente de leche).

Para abordar los desequilibrios en nuestros sistemas alimentarios y avanzar hacia un mundo sin hambre que aborde todas las formas de desnutrición (hambre, deficiencias de micronutrientes y obesidad), aumentar la producción por sí solo no es suficiente. Reequilibrar los hábitos alimentarios, promover la producción y el consumo de alimentos saludables y apoyar el derecho a una alimentación adecuada son todos elementos de una transición agroecológica (FAO, 2018). Por ejemplo, se ha encontrado que la riqueza de especies, una medida de la biodiversidad está altamente correlacionada con la adecuación de micronutrientes en la dieta humana (Lachat *et al.*, 2018). Obtener datos detallados sobre el acceso a los alimentos en los hogares o la ingesta alimentaria individual puede llevar mucho tiempo y resultar costoso. Requiere un alto nivel de habilidad técnica tanto en la recolección, como en el análisis de datos. La diversidad alimentaria es una medida cualitativa del consumo de alimentos que refleja el acceso de los hogares a una variedad de alimentos y también es un indicador de la adecuación de nutrientes de la dieta de los individuos. Los indicadores propuestos para este marco son los seleccionados para la **Diversidad Alimentaria Mínima de la Mujer** (FAO y FHI 360, 2016). Se considera que las mujeres son representantes del estado nutricional del hogar y estos datos se recopilan directamente con ellas. Las puntuaciones de diversidad alimentaria consisten en un simple recuento de 10 grupos de alimentos consumidos durante las 24 horas anteriores:

1. Granos, raíces y tubérculos blancos y plátanos;
2. Legumbres (frijoles, guisantes y lentejas);
3. Nueces y semillas;
4. Productos lácteos;
5. Carne, aves, pescado;
6. Huevos;
7. Vegetales de hoja verde oscuro;
8. Otras frutas y verduras ricas en vitamina A;
9. Otras hortalizas;
10. Otras frutas.

El cuestionario de diversidad alimentaria se ha estandarizado y es de aplicabilidad universal; como tal, no es una cultura, población o ubicación específica.

Luego, los resultados se analizan de la siguiente manera para calificar los criterios de diversidad alimentaria:

Verde (deseable):	Amarillo (aceptable):	Rojo (insostenible):
MDD puntaje ≥ 7	≥ 5 MDD puntaje < 7	MDD puntaje < 5

Este criterio también contribuye a informar el indicador 2.4.1 de los ODS y, en particular, el subindicador 10 (Escala de experiencia de inseguridad alimentaria - FIES). También informa 2.1.1 (Prevalencia de desnutrición), 2.1.2 (Prevalencia de inseguridad alimentaria moderada o severa en la población, con base en la Escala de Experiencia de Inseguridad Alimentaria -FIES), 2.2.1 (Prevalencia de retraso del crecimiento) y 2.2.2 (Prevalencia de desnutrición).

Metodologías Avanzadas

Los puntajes de diversidad alimentaria individuales tienen como objetivo reflejar la adecuación de nutrientes. Los estudios en diferentes grupos de edad han demostrado que un aumento en la puntuación de diversidad alimentaria individual está relacionado con una mayor adecuación de nutrientes de la dieta. Las puntuaciones de diversidad alimentaria se han validado para varios grupos de edad/sexo como medidas sustitutivas de la adecuación de macro y/o micronutrientes de la dieta. La evaluación de la diversidad alimentaria se puede realizar para todos los grupos de edad y sexo presentes en el hogar o la comunidad, además de las mujeres, que se utilizan como muestra.

La escala de experiencia de inseguridad alimentaria (FIES) (Ballard, Kepple y Cafiero, 2013) es una herramienta que proporciona información sobre las características demográficas y la ubicación geográfica de las subpoblaciones en situación de inseguridad alimentaria. Este nivel de información se obtiene preguntando a las personas directamente sobre su experiencia con la inseguridad alimentaria (FAO, 2017b).

Después de varios años de desarrollo metodológico y tres años de recopilación de datos en más de 140 países, esta métrica de la inseguridad alimentaria es una contribución confiable y valiosa al monitoreo de la seguridad alimentaria mundial. FIES es una métrica de la gravedad de la inseguridad alimentaria a nivel familiar o individual que se basa en las respuestas directas de sí o no de las personas a ocho preguntas breves sobre su acceso a una alimentación adecuada. Es una escala de medición estadística similar a otras escalas estadísticas ampliamente aceptadas diseñadas para medir rasgos no observables como aptitud/inteligencia, personalidad y una amplia gama de condiciones sociales, psicológicas y relacionadas con la salud.

FIES es uno de los dos indicadores elegidos para medir el ODS 2.1 (Para 2030, acabar con el hambre y garantizar el acceso de todas las personas, en particular los pobres y las personas en situaciones vulnerables, incluidos los bebés, a alimentos seguros, nutritivos y suficientes durante todo el año). También es uno de los once subindicadores elegidos para medir el avance en el indicador 2.4.1 (Proporción de área agrícola dedicada a agricultura productiva y sostenible).

3.4.7 EMPODERAMIENTO DE LAS MUJERES

A nivel mundial, las mujeres constituyen casi la mitad de la fuerza laboral agrícola. También desempeñan un papel fundamental en la seguridad alimentaria, la diversidad alimentaria y la salud de los hogares, así como en la conservación y el uso sostenible de la diversidad biológica, en la creación de medios de vida resilientes y en la transformación de los sistemas alimentarios. Pero a pesar de esto, enfrentan obstáculos persistentes, limitaciones económicas y permanecen marginados económicamente y vulnerables a violaciones de sus derechos, mientras que sus contribuciones a menudo no se reconocen. Por ejemplo, en un estudio de Smith y Haddad (2015), la cantidad de alimentos solo representó aproximadamente el 18 por ciento de la reducción del retraso en el crecimiento, la calidad de los alimentos contribuyó con el 15 por ciento y la educación de las mujeres contribuyó con el 22 por ciento a la reducción total del retraso en el crecimiento.

Las mujeres aportan aproximadamente el 43 por ciento de todo el trabajo agrícola en los países de ingresos bajos y medianos. Esta proporción alcanza al menos el 50 por ciento en muchos países del África subsahariana y en otros lugares, especialmente donde la pobreza está particularmente arraigada y las mujeres tienen pocas otras oportunidades de empleo. Sin embargo, tienden a tener un acceso más deficiente a activos productivos, como tierra y capital, insumos y tecnología, así como servicios. Por lo tanto, su capacidad de toma de decisiones sigue siendo limitada, incluso en las decisiones de la comunidad sobre los recursos naturales. (FAO y BAsD, 2013).

Por ejemplo, en África subsahariana, los niveles de productividad agrícola de las agricultoras son entre un 20 y un 30 por ciento más bajos que los de los agricultores masculinos, debido a la brecha de género en el acceso a los recursos (FAO, 2011). A nivel mundial, las mujeres rurales experimentan pobreza y exclusión de manera desproporcionada, y les va peor que los hombres rurales, así como a las mujeres y los hombres urbanos en todos los indicadores sensibles al género para los que se dispone de datos. Las mujeres y las niñas también corren un mayor riesgo de desnutrición: alrededor del 60 por ciento de las personas que padecen hambre son mujeres. Abordar la generalizada desigualdad de género generará múltiples beneficios en términos de seguridad alimentaria y alivio de la pobreza (FAO, 2017c).

Poner un fuerte énfasis en los valores humanos y sociales y tratar de abordar las desigualdades de género creando más oportunidades para las mujeres es parte de una transición agroecológica. Las mujeres pueden desarrollar mayores niveles de autonomía mediante la construcción de conocimientos, a través de la acción colectiva y la creación de oportunidades para la comercialización, y mejorando sus habilidades de negociación y liderazgo. Abrir espacios para que las mujeres y las niñas se vuelvan más autónomas puede empoderarlas a nivel del hogar, la comunidad y más allá, por ejemplo, mediante la participación en grupos de productores y aumentando su acceso a servicios agrícolas e instituciones rurales.

El Índice de Empoderamiento de las Mujeres en la Agricultura (WEAI por sus siglas en Ingles) es un índice basado en encuestas diseñado para medir el empoderamiento, la agencia y la inclusión de la mujer en el sector agrícola. El WEAI ha sido utilizado ampliamente desde 2012 por una variedad de organizaciones para evaluar el estado del empoderamiento y la paridad de género en la agricultura, para identificar áreas clave en las que el empoderamiento debe fortalecerse y para rastrear el progreso a lo largo del tiempo. Mide los roles y el alcance de la participación de las mujeres en el sector agrícola en cinco dominios de empoderamiento: (1) decisiones sobre la producción agrícola, (2) acceso y poder de toma de decisiones sobre los recursos productivos, (3) control sobre el uso del ingreso, (4) liderazgo en la comunidad y (5) uso del tiempo (Cuadro 8). También mide el empoderamiento de las mujeres en relación con los hombres dentro de sus hogares.

CUADRO 8 Puntuación y ponderaciones de los indicadores para calcular la A-WEAI

DOMINIOS	AREAS DE EVALUACION	RESPUESTA	PUNTUACIÓN	PONDERACIÓN
Decisiones productivas	Sobre PRODUCCIÓN DE CULTIVOS, PRODUCCIÓN ANIMAL, OTRAS ACTIVIDADES ECONÓMICAS	» Yo mismo o nosotros dos » Mi Esposo o alguien más	1 0	¼
	Acerca de LOS GASTOS MAYORES Y MENORES DEL HOGAR	» Yo mismo o nosotros dos » Mi Esposo o alguien más	1 0	¼
	Percepción de la toma de decisiones sobre PRODUCCIÓN DE CULTIVOS, PRODUCCIÓN ANIMAL, OTRAS ACTIVIDADES ECONÓMICAS	» Sin decisión » Solo pequeñas decisiones » Algunas decisiones » En gran parte/totalmente	0 0.33 0.66 1	¼
	Percepción de posibilidad de toma de decisiones sobre GASTOS DOMÉSTICOS MAYORES Y MENORES	» Sin decisión » Solo pequeñas decisiones » Algunas decisiones » En gran parte/totalmente	0 0.33 0.66 1	¼

>>>

>>>

DOMINIOS	AREAS DE EVALUACION	RESPUESTA	PUNTUACIÓN	PONDERACIÓN
Acceso y poder de decisión sobre recursos productivos	Tenencia segura de la tierra para hombres y mujeres (De los resultados de 3.4.1)	» Verde para mujeres » Amarillo para mujeres, amarillo o rojo para hombres » Amarillo para mujeres, verde para hombres » Rojo para mujeres, rojo para hombres » Rojo para mujeres, amarillo para hombres » Rojo para mujeres, verde para hombres	1 0.75 0.5 0.25 0.1 0	¼
	Acceso al crédito	» Posible para mujeres en canales seguros » Posible solo para mujeres en canales no oficiales, posible solo para hombres en canales no oficiales » Posible solo para mujeres en canales no oficiales, posible para hombres en canales oficiales » No es posible para las mujeres, no es posible para los hombres » No es posible para mujeres, posible en canales no oficiales para hombres » No es posible para las mujeres, posible en canales seguros para los hombres	1 0.75 0.5 0.25 0.1 0	¼
	Propiedad de CULTIVOS, SEMILLAS, ANIMALES y OTROS ACTIVOS PRODUCTIVOS	» Yo mismo o nosotros dos » Mi Esposo o alguien más	1 0	¼
	Propiedad de PRINCIPALES Y MENORES ACTIVOS DEL HOGAR	» Yo mismo o nosotros dos » Mi Esposo o alguien más	1 0	¼
Control sobre uso de ingresos	Decisiones sobre el uso de los ingresos generados por la PRODUCCIÓN DE CULTIVOS, LA PRODUCCIÓN ANIMAL y OTRAS ACTIVIDADES ECONÓMICAS	» Yo no contribuí o » Contribuí en pocas decisiones » Contribuí en algunas decisiones » Contribuí en casi todas las decisiones	0 0.5 1	1
Liderazgo en la comunidad	Si estos grupos existen en su comunidad, ¿con qué frecuencia participa en sus actividades y reuniones? ASOCIACIONES Y ORGANIZACIONES DE MUJERES	» Nunca / casi nunca » Algunas veces » La mayoría de las veces » Siempre	0 0.33 0.66 1	½
	COOPERATIVAS DE PRODUCCIÓN RURAL Movimientos Sociales, Sindicato de Trabajadores Rurales, Grupos Políticos, Grupos Religiosos, Formación para, Desarrollo de Capacidades, Otros	» Nunca / casi nunca » Algunas veces » La mayoría de las veces » Siempre	0 0.33 0.66 1	½
Uso del tiempo	Más de 10,5 horas de trabajo al día	» Mujeres no » Mujeres si, hombres si » Mujeres si, hombres no	1 0.5 0	½
	Tiempo dedicado a ACTIVIDADES AGRÍCOLAS + PREPARACIÓN DE ALIMENTOS Y TRABAJOS DOMÉSTICOS + OTRAS ACTIVIDADES BENEFICIOSAS	» El tiempo de la mujer > el de los hombres » Tiempo de mujeres < = tiempo de hombres	0 1	½

La encuesta recopila datos siguiendo la **versión abreviada del Índice de empoderamiento de las mujeres en la agricultura (A-WEAI)** (IFPRI, 2015) conservando sus cinco dominios de empoderamiento, pero los 10 indicadores se reducen a 6, uno por dominio: (i) Opinión en decisiones productivas (ii) Propiedad de activos, (iii) Acceso a crédito (iv), Control sobre uso de ingresos, (v) Membresía grupal, (vi) Carga de trabajo.

Cada dominio pesa el 20 por ciento de la puntuación promedio general para A-WEAI. La puntuación para cada dominio se calcula con las siguientes reglas y luego se estandariza en una escala de porcentaje. Luego, los criterios se califican de acuerdo con la siguiente regla:

Verde (deseable):	Amarillo (aceptable):	Rojo (insostenible):
A-WEAI ≥ 80%	A-WEAI ≥ 60% y <80%	A-WEAI < 60%

Estos indicadores informan directamente al indicador 5.a.1 de los ODS (a) Proporción de la población agrícola total con propiedad o derechos seguros sobre tierras agrícolas, por sexo; y (b) proporción de mujeres entre los propietarios o titulares de derechos de tierras agrícolas, por tipo de tenencia; y 5.a.2: Proporción de países donde el marco legal (incluido el derecho consuetudinario) garantiza la igualdad de derechos de las mujeres a la propiedad de la tierra y/o controlar.

Metodologías Avanzadas

La versión original del WEAI con 10 indicadores se puede utilizar como metodología avanzada cuando se necesita información más detallada sobre el empoderamiento de la mujer.

Para que sean funcionales y comparables en el contexto de los datos estadísticos internacionales, los indicadores propuestos también podrían triangularse con los indicadores básicos de trabajo decente extraídos de los 4 principios del trabajo decente (OIT, 2013), a saber:

- Normas y principios fundamentales, derechos en el trabajo ("¿Es el trabajo legal y sólido?");
- Empleo ("¿el empleo proporciona sustento?");
- Protección social ("¿el trabajo proporciona beneficios no incluidos en el salario, como seguros, pensiones, etc., que son esenciales para los trabajadores?");
- Diálogo social ("¿tienen los trabajadores la posibilidad de expresar sus opiniones, a través de sindicatos, procedimientos legales, etc.?").

3.4.8 OPORTUNIDADES DE EMPLEO PARA JÓVENES

En muchos países, la juventud rural se enfrenta a una crisis de empleo. A nivel mundial, unos 620 millones de jóvenes no trabajan ni estudian, y 1.500 millones trabajan en la agricultura y en el trabajo por cuenta propia (Banco Mundial, 2012). Aproximadamente un tercio de los migrantes tienen entre 15 y 34 años (UNDESA, 2012). Las altas tasas de desempleo y subempleo se encuentran entre las causas fundamentales de la emigración por situaciones de emergencia desde las zonas rurales (FAO, 2016).

Los enfoques de la agricultura que se basan en el conocimiento y la mano de obra calificada, como la agroecología, pueden proporcionar una solución prometedora como fuente de trabajo decente, al ofrecer oportunidades de empleo rural que satisfagan las aspiraciones de la juventud rural y contribuyan al trabajo decente (FAO, 2018). Por ejemplo, Dorin (2017) mostró que las innovaciones que requieren inversiones que ahorren mano de obra pueden no considerarse deseables cuando la mano de obra está más disponible que los recursos monetarios, lo que hace que las tecnologías que ahorran trabajo sean menos ventajosas.

El seguimiento del alcance del trabajo decente en la agricultura, especialmente para los jóvenes, es, por tanto, pertinente para evaluar el progreso hacia una agricultura sostenible. Todavía no se ha establecido un indicador común para medir la creación de empleo decente para los jóvenes en las zonas rurales. Para este marco, proponemos seguir el enfoque del indicador 8.6.1 de los ODS y recopilar datos sobre la **proporción de jóvenes (de 15 a 24 años) en el hogar/comunidad que no están en educación, empleo o capacitación.**

Luego, estos datos se comparan con el **número de jóvenes que trabajan en actividades agrícolas** (dentro del sistema evaluado), el **número de jóvenes en educación**, el **número de los que trabajan fuera** (pero que viven en el sistema) y el **número de los que han emigrado**. También combinaremos estos datos con la percepción de los jóvenes sobre el trabajo agrícola preguntándoles si les gustaría continuar la actividad de sus padres/familia o si emigrarían si tuvieran la oportunidad. En la medida de lo posible, la recopilación de estos datos debe desglosarse por sexo para resaltar mejor las diferencias entre niños y niñas de diferentes edades.

El criterio se calcula como la media no ponderada de dos índices (empleo y emigración) calculados por separado utilizando los siguientes indicadores, puntuaciones y ponderaciones:

CUADRO 9 Indicadores, ponderaciones y puntajes para el cálculo de los criterios sobre oportunidades de empleo para jóvenes

DOMINIO	INDICADORES	PUNTAJE	PESO
Empleo/Actividad	% de jóvenes que trabajan en la producción agrícola del sistema evaluado	1	½
	% de los jóvenes en educación o formación	1	
	% de los jóvenes que trabajan fuera pero que actualmente viven en el sistema evaluado	0.5	
	% de jóvenes que no estudian, ni trabajan en la agricultura ni en otras actividades	0	
	% de jóvenes que ya abandonaron la comunidad por falta de oportunidades	0	
Emigración	% de jóvenes que quieren continuar la actividad agrícola de sus padres	1	½
	% de jóvenes que emigrarían, si tuvieran la oportunidad	0.5	
	% de jóvenes que ya abandonaron la comunidad por falta de oportunidades	0	

Se ha asignado una puntuación de 0 a las situaciones consideradas individualmente como desfavorables y de 1 a las consideradas favorables. Se da 0,5 a situaciones intermedias.

Los siguientes umbrales se utilizan para la puntuación media final de empleo y emigración:

Verde (deseable):	**Amarillo (aceptable):**	**Rojo (insostenible):**
Puntaje ≥ 70%	Puntaje ≥ 50% y <70%	Puntaje < 50%

Metodologías Avanzadas

Cuando se requiere un enfoque más profundo en el empleo juvenil, también se pueden utilizar los indicadores del porcentaje de emigración de áreas rurales (como un indicador de las oportunidades locales para los jóvenes). También existen encuestas que evalúan si los jóvenes quieren ser productores o no, y/o si quieren trabajar en el medio rural o si emigrasen si tuvieran la oportunidad, que pueden contribuir a informar mejor este criterio.

3.4.9 BIODIVERSIDAD AGRÍCOLA

La biodiversidad agrícola es la diversidad de especies y variedades de cultivos, especies y razas de ganado, plantas silvestres, polinizadores, biota del suelo y otros organismos acuáticos y terrestres que hacen posible la producción agrícola y alimentaria (PAR, 2018). Hacer frente a los desafíos del cambio climático, mejorar la nutrición y la salud y lograr una transformación hacia sistemas de producción más sostenibles y equitativos requieren la conservación de la biodiversidad agrícola. El aumento de la agrobiodiversidad es clave para el proceso de transición a la agroecología para garantizar la seguridad alimentaria y la nutrición al tiempo que se conserva, protege y mejora los recursos naturales y los servicios de los ecosistemas.

Las áreas del mundo con mayor diversidad agrícola producen más nutrientes (Herrero *et al.*, 2017). Las granjas muy pequeñas, pequeñas y medianas, que se encuentran principalmente en sistemas de producción tradicionales y mixtos, producen más alimentos y nutrientes en las regiones más pobladas (y con inseguridad alimentaria) del mundo, que las granjas grandes en los sistemas alimentarios modernos (Pengue y Gemmill-Herren, 2018). Además, se estima que 5 mil millones de personas viven en sistemas alimentarios tradicionales y mixtos, lo que representa aproximadamente el 70 por ciento de la población mundial (Pengue y Gemmill-Herren, 2018; Ericksen, 2008; UNEP, 2016; GANESAN, 2017). Numerosos estudios han encontrado una relación positiva entre los sistemas agrícolas diversificados y los resultados nutricionales humanos para las pequeñas explotaciones agrícolas (Bellon *et al.*, 2016; Demeke *et al.*,2017; Jones *et al.*, 2014; Powell *et al.*, 2015). Los sistemas mixtos de producción agrícola y ganadera se encuentran en casi todas las zonas agroecológicas, se estima que cubren 2.500 millones de hectáreas en todo el mundo y producen el 90 por ciento del suministro mundial de leche y el 80 por ciento de la carne de rumiantes (Herrero *et al.*, 2013).

La presencia de árboles en tierras agrícolas se puede utilizar como indicador de biodiversidad: Zomer *et al.* (2016) estiman que más del 10 por ciento de cobertura arbórea, se puede encontrar en más del 45 por ciento de las tierras agrícolas a nivel mundial, con un secuestro de carbono estimado de 0,7 Gt CO_2 por año entre 2000 y 2010. El número de razas ganaderas locales y transfronterizas a nivel mundial, estimado en 8 127 (de las cuales 5 584 especies de mamíferos y 2 543 especies de aves) es también un indicador de la biodiversidad agrícola (FAO, 2015).

Las evaluaciones de métodos de uso de la biodiversidad agrícola extraídos de una variedad de disciplinas, que incluyen antropología, etnobiología, genética, botánica, biogeografía y ecología. Requieren enfoques que integren los conocimientos tradicionales y científicos y que puedan tener en cuenta las diferentes visiones del mundo de la diversidad y el medio ambiente. Los procedimientos de recopilación de datos incluyen métodos de uso común, como encuestas de hogares y discusiones de grupos focales, así como métodos participativos diseñados específicamente.

Algunos estudios también demuestran la necesidad de desglosar la recopilación de datos por sexo, ya que tanto hombres como mujeres desempeñan papeles importantes, pero posiblemente diferentes, en la gestión, el uso y la conservación de la biodiversidad y tienen diferentes tareas y responsabilidades en la producción y el suministro de alimentos.

Se desarrollaron varios métodos elaborados en diferentes contextos, algunos se presentan en esta sección como metodologías avanzadas. Para este marco, se utilizará un recuento de **especies y variedades de cultivos y el área relativa ocupada**, así como un recuento de **especies y razas animales**, para calcular un índice de diversidad de Gini-Simpson tanto para cultivos como para animales. Estos resultados luego se calibrarán con un índice de medición de la vegetación natural y la presencia de polinizadores.

Los indicadores de biodiversidad agrícola propuestos aquí siguen el enfoque del subindicador 8.1, 8.6 y 8.7 del indicador 2.4.1 de los ODS. A partir de la caminata transversal realizada durante la prospección, se obtienen datos mediante el conteo de especies y variedades de cultivos y árboles que crecen en el sistema evaluado, así como un conteo de especies y razas animales criadas. El área ocupada por cada cultivo también se recopila durante la encuesta. Luego se calcula un índice de diversidad de Gini-Simpson, tanto para cultivos como para animales:

$$1 - D = 1 - \Sigma\, p_i^2$$

en el que "p_i"es la abundancia e "i" la proporción de individuos que se encuentran en la "i-ésima" especie. Por ejemplo, el índice de Gini-Simpson para los animales de la siguiente granja es: 1-0,28 = 0,72 = 72 por ciento.

ESPECIES/RAZA	# DE ANIMALES	EQUIVALENTE EN UNIDAD DE GANADO	p_i	p_i^2
Raza de vaca 1	2	2	0.19	0.04
Raza de vaca 2	4	4	0.39	0.15
Ovejas	10	1.5	0.15	0.02
Pollos	20	2.8	0.27	0.07
Sumatoria		**10.3**		**0.28**

El índice de Gini-Simpson para los cultivos de la siguiente finca es: 1-0,34 = 0,66 = 66 por ciento.

ESPECIES/VARIEDAD	ÁREA	p_i	p_i^2
Maíz	6	0.43	0.18
Trigo	5	0.36	0.13
Variedad de papa 1	1	0.07	0.01
Variedad de papa 2	2	0.14	0.02
Sumatoria	**14**		**0.34**

Un tercer índice denominado "Vegetación natural, árboles y polinizadores" se calcula como el promedio de los siguientes 3 indicadores y puntajes asociados:

INDICADOR	RESPUESTA	PUNTAJE
Apicultura	No	0
	Si, salvajes	0.5
	Si, criadas	1
Área productiva cubierta por vegetación natural o diversa	No se encuentra	0
	Pequeña	0.25
	Mediana	0.5
	Significante	0.75
	Abundante	1
Presencia de polinizadores y animales beneficiosos	No se encuentra	0
	Poca	0.33
	Significante	0.66
	Abundante	1

Los promedios de los 2 índices de Gini-Simpson y el tercero se utilizan para calificar el criterio de biodiversidad agrícola utilizando los siguientes umbrales:

Verde (deseable):	**Amarillo (aceptable):**	**Rojo (insostenible):**
Puntaje promedio ≥ 70%	Puntaje promedio ≥ 50% y <70%	Puntaje promedio <50%

Este criterio también contribuye directamente a informar 2.4.1 a nivel nacional. También informa 2.5.1 (Número de recursos genéticos vegetales y animales para la alimentación y la agricultura asegurados en instalaciones de conservación a mediano o largo plazo).

Metodología avanzada: el Índice de Agrobiodiversidad - IDA

El Índice de Agrobiodiversidad, o IDA (Leyva y Lores, 2018), es una herramienta desarrollada en Cuba que brinda información, mediante un valor numérico, sobre el valor de agrobiodiversidad necesario para una determinada comunidad. El cálculo se basa en una comparación entre el nivel existente de agrobiodiversidad y el nivel necesario para satisfacer las necesidades e intereses de la comunidad (es decir, para sus habitantes, animales, recursos naturales y formas de vida restantes). Por lo tanto, esta metodología avanzada se puede utilizar como complemento del método simple descrito en esta sección cuando se hace un enfoque particular en la biodiversidad y la nutrición.

El IDA se basa en principios matemáticos conocidos y tiene como objetivo evaluar cómo la agrobiodiversidad apoya dietas diversificadas, incluidos los valores nutricionales para los seres humanos, los animales y las formas de vida restantes ("consumidores"), así como para la protección del suelo. Adicionalmente, el IDA considera la protección ambiental, la resiliencia, la captura de carbono, el cambio climático y el rol sociocultural de la agrobiodiversidad, apuntalado por el rol educativo que juega la difusión del conocimiento sobre el valor dietético de las plantas, así como sus funciones espirituales.

El IDA representa los grupos de alimentos básicos y el grado en que estos se satisfacen a través de la producción local, en diversidad y cantidad. La evaluación de si se satisfacen las necesidades alimentarias de la demanda local se basa en criterios establecidos colectivamente a través de una serie de actividades participativas. Estas actividades definen los valores deseados para especies particulares y los comparan con los valores existentes. IDA utiliza cuatro subíndices: IFER (alimento para humanos), IFE (alimento para animales), IAVA (para mejorar las propiedades físicas, químicas y biológicas del suelo) e ICOM (especies complementarias). Cada subíndice incluye especies que se consideran alimento para cada grupo. La solidez de cada subíndice radica en la diversidad y el predominio de las especies, de acuerdo con su papel de aprovisionamiento de alimentos y otras funciones. Dado que el IDA es igual a la suma de los subíndices IFER, IFE, IAVA e ICOM, dividida por el número de subíndices (cuatro), se asume que el valor de cada subíndice es de igual importancia.

La Alianza sobre Evaluación Ambiental y Desempeño Ecológico de la Ganadería (LEAP por sus siglas en inglés) ha publicado una revisión de indicadores y métodos para evaluar la biodiversidad (Teillard *et al.*, 2016) realizada con un enfoque de múltiples partes interesadas que incluye a científicos, sector privado, sociedad civil, ONG y gobiernos. También se pueden encontrar metodologías más avanzadas en el Compendio de métodos participativos para evaluar la agrobiodiversidad (PAR, 2018).

3.4.10 **SALUD DEL SUELO**

El suelo sustenta la producción agrícola y el funcionamiento del ecosistema. Mantener la cantidad y la calidad de la materia orgánica en los suelos agrícolas. Es, por tanto, un elemento clave de la sostenibilidad en la agricultura (FAO, 2017a). La salud del suelo abarca la estabilización de la estructura del suelo, el mantenimiento de la vida y la biodiversidad del suelo, la retención y liberación de nutrientes de las plantas y el mantenimiento de la capacidad de retención de agua, lo que lo convierte en un criterio clave no solo para la productividad agrícola sino también para la resiliencia ambiental (FAO, 2005).

Varias prácticas utilizadas en los sistemas agroecológicos pueden contribuir a mejorar la salud del suelo, por ejemplo, alteración mecánica mínima del suelo, fertilización orgánica a partir de estiércol animal o compost, cobertura permanente del suelo (suministro de materia orgánica mediante la preservación de residuos de cultivos y cultivos de cobertura), rotación de cultivos para el biocontrol y uso eficiente del perfil del suelo, manejo del pastoreo rotacional y compactación mínima del suelo.

Los indicadores seleccionados para evaluar la salud del suelo son los desarrollados por la Sociedad Latinoamericana de Agroecología (SOCLA) y presentados en Nicholls *et al.* (2004). Estos indicadores son aplicados e interpretados conjuntamente por agricultores e investigadores. El método se realiza al mismo tiempo que la caminata de campo para medir 3.4.9 y se basa en mediciones de campo y evaluación de las propiedades del agroecosistema que reflejan la calidad del suelo y la salud de las plantas. Como las mediciones se basan en los mismos indicadores, los resultados son comparables y permiten a los productores monitorear la evolución del mismo agroecosistema a lo largo de una línea de tiempo o hacer comparaciones entre sistemas en varias etapas de transición.

Los **10 indicadores de salud del suelo de SOCLA** son:

1. Estructura del suelo;
2. Grado de compactación;
3. Profundidad del suelo;
4. Estado de los residuos;
5. Color, olor y materia orgánica;
6. Retención de agua;
7. Cobertura del suelo;
8. Signos de erosión del suelo;
9. Presencia de invertebrados;
10. Actividad microbiológica.

En el método SOCLA, cada indicador se valora por separado y se le asigna un valor entre 1 y 5, según los atributos observados en el suelo (1 es el valor menos deseable, 3 un valor moderado o umbral y 5 el valor más preferido). En este marco, simplificamos el número de puntuaciones de 10 a 5. Por ejemplo, en el caso del indicador de estructura del suelo, se le da un valor de 1 a un suelo polvoriento, sin agregados visibles; un valor de 3 para un suelo con alguna estructura granular cuyos agregados se rompen fácilmente bajo la presión suave de los dedos; y un valor de 5 para un suelo bien estructurado cuyos agregados mantienen una forma fija incluso después de ejercer una presión suave (Burket *et al.* 1998). Las puntuaciones 2 y 4 se dan para situaciones intermedias. El detalle de los 10 indicadores se proporciona en los cuestionarios para la recopilación de datos en el Anexo 4. Una vez que se evalúan todos los indicadores, los indicadores individuales se pueden presentar en un gráfico de tipo radar, o se puede calcular una puntuación promedio de la salud del suelo; se pueden utilizar los siguientes umbrales:

Verde (deseable):	**Amarillo (aceptable):**	**Rojo (insostenible):**
Puntaje promedio ≥ 3.5	Puntaje promedio ≥ 2.5 y <3.5	Puntaje promedio <2.5

La evaluación de la salud del suelo propuesta en este marco contribuirá a informar el indicador 2.4.1 de los ODS (Proporción de superficie agrícola con agricultura productiva y sostenible) y, en particular, su subindicador 4 (Prevalencia de la degradación del suelo). También informará al indicador 15.3.1 de los ODS (Proporción de tierras degradadas).

Metodología avanzada: Materia orgánica del suelo

La materia orgánica del suelo contiene aproximadamente entre el 55 y el 60 por ciento de carbono en masa, por lo que conocer la cantidad de materia orgánica del suelo puede usarse como un indicador para conocer el carbono orgánico del suelo. El secuestro de carbono es una estrategia fundamental para la mitigación del cambio climático, y también puede contarse como una medida de adaptación / resiliencia.

La cuantificación del carbono del suelo se basa en análisis de laboratorio de muestras de suelo, ya sea mediante la cuantificación de toda la materia orgánica del suelo mediante la pérdida por ignición (p. Ej., Hoogsteen *et al.*, 2015) o mediante la oxidación del carbono del suelo y el cálculo indirecto de materia orgánica del suelo. El carbono orgánico del suelo y la materia orgánica del suelo se expresan generalmente como un porcentaje de la masa total del suelo o, especialmente en la literatura científica y técnica, en gramos por kilogramo ($g\ kg^{-1}$). El uno por ciento de materia

©FAO/Tony Karumba

FOTO Marunga Tsuma Joto arando su tierra con cuatro de sus toros, Ndavaya, Condado de Kwale, Kenia.

orgánica equivale a 10 g kg^{-1}. Sin embargo, evaluar la calidad del suelo a través de la materia orgánica del suelo requiere considerar las características generales del suelo y su entorno. Los suelos más gruesos, con más arena y menos partículas de arcilla o limo tienden a almacenar menos materia orgánica. Los suelos en ambientes secos y cálidos contienen también menos materia orgánica que los suelos en climas húmedos o más fríos. Como resultado, un aumento de por ejemplo el 1 por ciento de la materia orgánica del suelo puede ser sustancial en un suelo grueso en un ambiente árido - quizás incluso el doble de su cantidad inicial - pero puede representar solo un aumento marginal en un suelo de humedal de textura fina en un ambiente templado.

3.4.11 OPCIONAL: SELECCIÓN DE CRITERIOS AVANZADOS

Los datos para informar los criterios básicos deben recopilarse independientemente de la ubicación y el contexto ambiental de la evaluación a fin de crear una base de datos consistente, coherente y completa a través de la escala, el espacio, el tiempo y las dimensiones de la sostenibilidad. Sin embargo, en algunos contextos específicos, puede ser necesario complementar la lista principal con criterios avanzados para informar las necesidades particulares de proyectos, informes, espacios de inferencia, etc. En la mayoría de los casos, los criterios avanzados requieren tiempo adicional y recopilación de datos o incluso herramientas específicas. y modelos, lo que impide su uso sistemático en este marco por su carácter multidimensional, integral pero también simple.

En el Cuadro 5 se enumeran varios criterios avanzados ya identificados junto con los criterios básicos, pero sin un número de la lista básica de 10. También se proponen métodos sugeridos para cada uno de ellos. Incluyen “Eficiencia en el uso del agua” (por ejemplo, método de productividad del agua) y “Contaminación del agua” (por ejemplo, directrices LEAP para la evaluación del uso de nutrientes en el ganado), “Mitigación del cambio climático” y “Emisiones de gases de efecto invernadero” (por ejemplo, Ex-Act o GLEAM-I herramienta para estimar emisiones), “Secuestro de carbono”, “Autosuficiencia alimentaria”, “Valor nutricional de la producción agrícola”, “Índice de felicidad” y “Resiliencia al cambio climático” (ej. Herramienta SHARP).

Los criterios avanzados deben complementar los criterios básicos de desempeño para ofrecer un diagnóstico más profundo en una dimensión particular. Pero no deberían reemplazarlos, ya que el equilibrio entre todas las dimensiones de la sostenibilidad está garantizado al informar los 10 criterios básicos además del CAET.

3.5 PASO 3. ANÁLISIS CONJUNTO DE LOS PASOS 1 Y 2 E INTERPRETACIÓN PARTICIPATIVA

Una vez que se completen los Pasos 0, 1 y 2 y se hayan recopilado los datos, estarán disponibles datos unificados pero diversos para una unidad en particular e incluirán datos sobre el contexto y el entorno propicio, el estado actual del sistema con respecto a los 10 elementos de la agroecología y su desempeño con respecto a los 10 criterios básicos.

El análisis de los resultados para resaltar las fortalezas y debilidades del sistema puede llevar a identificar compensaciones o sinergias entre elementos de la agroecología y también entre dimensiones de sostenibilidad. Por ejemplo, un sistema con altas sinergias entre plantas y animales y altos niveles de reciclaje puede tener un pobre desempeño en términos de ingresos si el acceso limitado al mercado se evalúa en el CAET dentro del elemento "Economía circular y solidaria". Además, algunos sistemas pueden puntuar mal en la tenencia segura de la tierra, pero aún tienen un alto valor para la creación conjunta de conocimientos basados en prácticas tradicionales y localizadas.

Este último paso debe realizarse de manera participativa con la comunidad para (1) verificar la idoneidad y el desempeño del marco; (2) confirmar/revisar el análisis (incluido el muestreo y la ampliación de la granja al territorio y los umbrales utilizados en el Paso 2) e identificar sinergias y compensaciones; y (3) diseñar posibles formas de avanzar en el tiempo, utilizando potencialmente la herramienta para monitorear el progreso. Este paso debe incluir:

- La revisión de los resultados de CAET (Paso 1) y cómo el contexto y el entorno propicio recopilados en el Paso 0 pueden ayudar a explicar estos resultados, así como una discusión sobre la posible ponderación de los índices dentro de cada elemento para enfatizar aspectos críticos en el análisis para asegurar Relevancia;
- La revisión de los resultados de los criterios de desempeño y cómo los datos recopilados en los Pasos 1 y 0 pueden ayudar a explicar estos resultados, así como una discusión sobre los umbrales aplicados a cada uno de los criterios para el enfoque del "semáforo";
- La revisión de la agregación de los resultados a nivel de finca para un análisis a nivel de territorio, así como del método de muestreo elegido;
- El análisis de cómo los resultados de los criterios de desempeño pueden ayudar a informar los indicadores de los ODS a niveles más territoriales y nacionales: ¿los resultados están en línea con los informes del país o son diferentes? ¿Muestran sinergias (desempeños similares para diferentes criterios que pueden explicarse por los mismos puntajes en el CAET) o compensaciones (el alto desempeño dentro de un criterio parece estar relacionado con un desempeño deficiente dentro de otro e impulsado por los mismos puntajes CAET); y,
- La identificación de formas de mejorar el desempeño aumentando los puntajes en el CAET y avanzando hacia una etapa más avanzada en la transición agroecológica.

FOTO En la próxima página: Mujeres con muestras de suelo en un ejercicio participativo, Nepal.

SECCIÓN 4

PROBANDO TAPE

FOTO Cabras pastando en diques en un arrozal en Nhan My, Vietnam.

En la segunda mitad de 2019, TAPE comenzó a probarse en una serie de pruebas piloto o estudios de caso, utilizando las pautas de aplicación presentadas en este documento. El propósito de los estudios piloto es validar o mejorar TAPE, con un énfasis particular en (i) el enfoque general escalonado y (ii) el CAET y los Criterios Básicos de Desempeño. Esto se está haciendo de manera sistemática en cada una de las regiones de la FAO, comenzando con un taller en el que participaron gobiernos, científicos, organizaciones de productores y ONG, con el fin de identificar, fortalecer e involucrar a una comunidad de práctica en el proceso y la utilización del instrumento.

Los pilotos serán realizados por socios con el apoyo de la FAO, lo que permitirá la prueba y posible corrección del marco, así como la recopilación de datos y su inclusión en la base de datos. La traducción de TAPE, tanto en términos de idioma como de interpretación de los cuestionarios, será realizada por los socios para garantizar la relevancia local del instrumento.

Los tipos de iniciativas que pueden probar el marco incluyen: proyectos destinados a evaluar la sostenibilidad en la agricultura, redes agrícolas dedicadas a monitorear el desempeño multidimensional, inversiones en agricultura que desean monitorear su impacto en la sostenibilidad, fincas, comunidades y territorios que desean medir su capacidad agroecológica. desempeño con miras a mejorar con el tiempo, etc. Además, los datos recopilados previamente se pueden utilizar para completar el instrumento y evaluar el desempeño siempre que sea posible con el fin de intentar reducir el tiempo de enumeración y aumentar la eficiencia.

La Figura 6 presenta el resultado de una prueba realizada en una granja en Tailandia durante el taller en la región de Asia y el Pacífico. El alto nivel de diversidad en la granja (producción de arroz, verduras y pescado, así como actividad como centro de formación), junto con la puntuación relativamente alta en economía circular (productos vendidos directamente a los hogares vecinos a través de las redes sociales), explican el alto nivel de productividad pero también de ingresos y valor agregado en comparación con el promedio del país. Sin embargo, se encontraron sinergias y reciclaje limitados entre los diferentes sistemas de sub-producción, lo que explica la puntuación relativamente baja en biodiversidad agrícola (una parte significativa de las tierras agrícolas se encuentra en monocultivo de arroz), así como la alta exposición a plaguicidas.

FIGURA 6 Resultados del Paso 1 y 2 aplicado a una granja en Tailandia

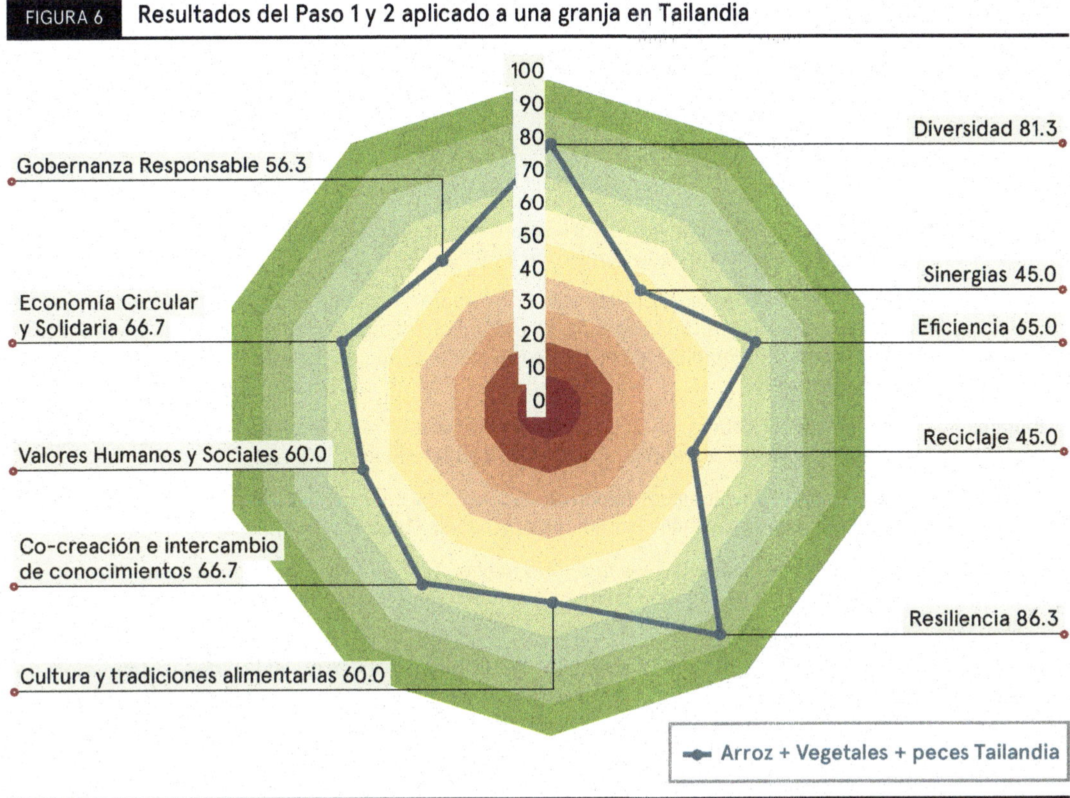

CUADRO 10 Resultados de los Criterios Básicos de Desempeño (Paso 2) aplicados a una granja en Tailandia

CRITERIOS BÁSICOS DE DESEMPEÑO	RESULTADOS
Tenencia segura de la tierra	Ningún documento, pero percepción de tierra segura
Productividad	USD 9,460/ha/año (Promedio de Tailandia 1,678) USD 10,915/FWU/año (Promedio de Tailandia 3204) FWU = 1 Hija + 0.3 Padre
Ingresos	(N/A) Ingresos USD 9,567/FWU/año (¿Promedio de Tailandia? ¿Mismo agroecosistema?)
Valor agregado	USD 10,376/FWU/año (Tailandia 3204) Mano de obra pagada por arroz
Exposición a pesticidas	Exposición a pesticidas de clase II (moderadamente) con menos de 4 de las técnicas de mitigación enumeradas
Diversidad de la alimentación	Diversidad de la Alimentación Mínima para la Mujer = 8
Empoderamiento de la Mujer	A-WAEI 0,849 (pero el componente de liderazgo 0.497)
Empleo Juvenil	(N/A) Empleo Juvenil. No hay jóvenes en el hogar
Biodiversidad agrícola	Gini-Simpson 54.7% (1,2 ha de arrozal y 0,3 ha de frutas + verduras + estanque de peces)
Salud del Suelo	(N/A) Datos no recopilados

REFERENCIAS

Abed, R. and Acosta, A. 2018. Assessing livestock total factor productivity: A Malmquist Index approach. *Revista Africana sobre la Economía de la Agricultura y los Recursos*, 13(4): 297–306.

Alvarez, S., Paas, W., Descheemaeker, K., Tittonell, P. & Groot, J. 2014. *Typology construction, a way of dealing with farm diversity: General guidelines for Humidtropics.* Informe para el Programa de Investigación del CGIAR sobre Sistemas Integrados para el Trópico Húmedo. Grupo de Ciencias Vegetales. Países Bajos, Universidad de Wageningen.

Ballard, T.J., Kepple, A.W. & Cafiero, C. 2013. *The food insecurity experience scale: Developing a global standard for monitoring hunger worldwide.* Documento técnico. Roma, FAO.

Banco Mundial. 2012. World Development Report 2013: Jobs. Washington, DC., Banco Mundial. (También disponible en: https://openknowledge.worldbank.org/handle/10986/11843).

Burket, J. 1998. *Willamette Valley soil quality card guide.* (EM 8710). Corvallis, Oregon, Servicio de Extension de la Universidad de Oregon (También disponible en: https://catalog.extension.oregonstate.edu/em8710).

Bellon, M.R., Ntandou-Bouzitou, G.D. & Caracciolo, F. 2016. On-farm diversity and market participation are positively associated with dietary diversity of rural mothers in southern Benin, West Africa. *PLOS ONE*, 11(9). (También disponible en: https://journals.plos.org/plosone/article?id=10.1371/journal.pone.0162535).

CE. 2014. Política Agrícola Común de la UE: indicadores de impacto.

Chen, J., Lin, G. & Zhou, B. 2004. Correlation between pesticides exposure and mortality of breast cancer. *China Public Health*, 20: 289–290.

Coe, R. 1996. *Sample size determination in farmer surveys.* Unidad de Apoyo a la Investigación Nota Técnica No 4. Nairobi, Kenia, CIIA - Centro Internacional de Investigaciones Agroforestales.

Conti, P.L. & Marella, D. 2012. *Campionamento da popolazioni finite: Il disegno campionario.* Milán, Italia, Springer.

Cool Farm Alliance. 2019. Cool Farm tool [en línea]. [Citación 16 diciembre 2019]. (También disponible en: https://coolfarmtool.org).

Crowley, M. & Roscigno, V. 2004. Farm concentration, political-economic process, and stratification: The case of the North Central U.S. *Revista de Sociología Política y Militar*, 32(1): 133–155.

Damalas, C. & Koutroubas, S. 2016. Farmers' Exposure to Pesticides: Toxicity Types and Ways of Prevention. *Toxics*, Mar 4(1).

D'Annolfo, R., Gemill-Herren, B., Gräub, B. & Garibaldi, L. 2017. A review of social and economic performance of agroecology. *Revista Internacional de Sostenibilidad Agrícola*, 15(6): 632–644. (También disponible en: https://doi.org/10.1080/14735903.2017.1398123).

Deller, S., Gould, B. & Jones, B. 2003. Agriculture and rural economic growth. *Revista de Agricultura y Economía Aplicada*, 35(3): 517–527.

Demeke, M., Meerman, J. Scognamillo, A., Romeo, A. & Asfaw, S., 2017. Linking farm diversification to household diet diversification: Evidence from a sample of Kenyan ultra-poor farmers. *ESA Documento de Trabajo No. 17-01*. Rome, FAO.

Donham, K., Wing, S., Osterberg, D., Flora, J., Hodne, C., Thu, K. & Thorne, P. 2007. Community health and socioeconomic issues surrounding concentrated animal feeding operations. *Environmental Health Perspectives*, 115(2): 317–320.

Dorin, B. 2017. India and Africa in the global agricultural system (1961-2050): Towards a new sociotechnical regime. *Review of Rural Affairs*, LII (25-26): 5–13.

Dupraz, C., Dufour, L. & Talbot, G. 2009. *A field assessment of the actual land equivalent ratio of a temperate agroforestry system*. Segundo Congreso Mundial de Agroforestería, Nairobi, Kenia.

Ericksen, P.J. 2008. Conceptualizing food systems for global environmental change research. *Global Environmental Change*, 18(1): 234–245.

FAO. 2005. *The importance of soil organic matter: Key to drought-resistant soil and sustained food and production*. Boletín de Suelos de la FAO 80. Roma, FAO.

FAO. 2006. *Análisis de desigualdad: El índice Gini*. Roma, FAO.

FAO. 2006. *Policy impacts on inequality: Basic poverty measures*. Roma, FAO.

FAO. 2006. *Policy impacts on inequality: Simple inequality measures*. Roma, FAO.

FAO. 2010. An international consultation on integrated crop-livestock systems for development: The way forward for sustainable production intensification. *Integrated Crop Management*, 13–2010. Roma, FAO.

FAO. 2011. *El estado mundial de la agricultura y la alimentación 2010–11*. Roma, FAO.

FAO. 2013. *Guía para medir la diversidad alimentaria a nivel individual y del hogar*. Roma, FAO.

FAO. 2015a. Decent work indicators for agriculture and rural areas. Conceptual issues, data collection challenges and possible areas for improvement. *Serie de Documentos de Trabajo*, ESS / 15–10. Roma, FAO.

FAO. 2015b. *Segundo informe sobre la situación de los recursos zoogenéticos mundiales para la alimentación y la agricultura*. Roma, FAO.

FAO. 2016. *Addressing rural youth migration at its root causes: A conceptual framework*. Roma, FAO.

FAO. 2017a. *Carbono orgánico del suelo: El potencial oculto*. Roma, FAO.

FAO. 2017b. *The Food Insecurity Experience Scale: Measuring food insecurity through people's experience*. Roma, FAO.

FAO. 2017c. *El futuro de la alimentación y la agricultura: Tendencias y desafíos*. Roma, FAO.

FAO. 2018a. *Segundo simposio internacional de agroecología: La iniciativa para ampliar la escala de la agroecología para alcanzar los Objetivos de Desarrollo Sostenible (ODS)* [en linea]. Resumen del Presidente. Roma, FAO. [Citación 16 diciembre 2019]. (También disponible en: www. fao.org/3/CA0346ES/ca0346es.pdf).

FAO. 2018b. NEWS - COAG continues to support FAO's work on agroecology. En: *Agroecology Knowledge Hub* [en linea]. Roma, FAO. [Citación 16 diciembre 2019]. (También disponible en: www.fao.org/agroecology/slideshow/news-article/ en/c/1157177).

FAO. 2018c. *Nutrient flows and associated environmental impacts in livestock supply chains: Guidelines for assessment (Version 1)*. Asociación para la Evaluación y el Desempeño Ambiental del Ganado (LEAP). Roma, FAO. (También disponible en: www.fao.org/3/CA1328EN/ca1328en.pdf).

FAO. 2018d. *Los 10 elementos de la agroecología: Guiar la transición hacia sistemas alimentarios y agrícolas sostenibles*. (También disponible en: www.fao.org/3/i9037en/I9037EN.pdf).

FAO. 2019a. *EX-Ante Carbon balance Tool (EX-ACT)* [en linea]. Roma, FAO. [Citación 16 diciembre 2019]. (También disponible en: www.fao.org/tc/exact/ex-act-home/es).

FAO. 2019b. *Modelo de Evaluación Ambiental de la Ganadería Mundial (GLEAM)* [en linea]. Roma, FAO. [Citación 16 diciembre 2019]. (También disponible en: www.fao.org/gleam/resources/es).

FAO. 2019c. RuLIS dataset. En: RuLIS - *Rural Livelihoods Information System* [en linea]. Roma, FAO. (También disponible en: http://www.fao.org/in-action/rural-livelihoods-dataset-rulis/data/by-indicator/en).

FAO. 2019d. *Autoevaluación y Valoración Holística de la Resiliencia Climática de Agricultores y Pastores (SHARP)* [en línea]. Roma, FAO. [Citación 16 diciembre 2019]. (También disponible en: http://www. fao.org/in-action/sharp/es).

FAO. 2019e. *Water use in livestock production systems and supply chains – Guidelines for assessment (Version 1)*. Alianza de Evaluación y Desempeño Ambiental de la Ganadería (LEAP). Roma, FAO. (También disponible en: http://www.fao.org/3/ca5685en/ca5685en.pdf).

FAO & BAsD. 2013. *Gender equality and food security: Women's empowerment as a tool against hunger*. Roma, FAO.

FAO & FHI 360. 2016. Minimum dietary diversity for women: A guide to measurement. Roma, FAO. (También disponible en: www.fao.org/3/a-i5486e.pdf).

FAO & OMS. 2016. *Código internacional de conducta para la gestión de plaguicidas. Directrices sobre los plaguicidas altamente peligrosos*. Roma, FAO.

Foltz, J. & Zueli, K. 2005. The role of community and farm characteristics in farm input purchasing patterns. *Review of agricultural economics*, 27(4): 508–525.

GANESAN. 2017. *La nutrición y los sistemas alimentarios. Informe del Grupo de Alto Nivel de Expertos en Seguridad Alimentaria y Nutrición*, Comité de Seguridad Alimentaria Mundial, Roma, Italia.

GANESAN. 2019. *Enfoques agroecológicos y otros enfoques innovadores en favor de la sostenibilidad de la agricultura y los sistemas alimentarios que mejoran la seguridad alimentaria y la nutrición. Informe del Grupo de Alto Nivel de Expertos en Seguridad Alimentaria y Nutrición del Comité de Seguridad Alimentaria Mundial - Julio 2019*. Roma, Italia. (También disponible en: www.fao.org/3/ca5602en/ca5602en.pdf).

Gollin, D. 2018. Farm size and productivity: Lessons from recent literature. FIDA Serie de Investigaciones 34. Roma, FIDA.

Gräub, B., Jahi Chappel, M., Wittman, H., Ledermann, S., Bezner-Kerr, R. & Gemill-Herren, B. 2016. The state of family farms in the world. *World Development* , 87: 1–15.

GSARS (Estrategia Mundial para Mejorar las Estadísticas Agrícolas y Rurales). 2016. *Estadísticas de costos de producción agrícola: Directrices para la recopilación, compilación y difusión de datos.*

Herrero, M., Thornton, P.K., Notenbaert, A., Msangi, S., Wood, S., Kruska, R., Dixon, J., Bossio, D., van de Steeg, J., Freeman, H.A., Li, X. & Rao, P.P. 2012. *Drivers of change in crop–livestock systems and their potential impacts on agro-ecosystems services and human wellbeing to 2030: A study commissioned by the CGIAR Systemwide Livestock Programme*. Nairobi, Kenia: ILRI.

Herrero, M., Havlík, P., Valin, H., Notenbaert, A., Rufino, M., Thornton, P., Blümmel, M., Weiss, F., Grace, D. & Obersteiner, M. 2013. Biomass use, production, feed efficiencies, and greenhouse gas emissions from global livestock systems. *Proceedings of the National Academy of Sciences*, 110(52): 20888–20893.

Herrero, M., Thornton, P., Power, B., Bogard, J., Remans, R., Fritz, S., Gerber, J., Nelson, G., See, L., Waha, K., Watson, R., West, P., Samberg, L., van de Steeg, J., Stephenson, E., van Wijk, M. & Havlik, P. 2017. Farming and the geography of nutrient production for human use: A transdisciplinary analysis. *Lancet Planet Health*, 1(1): e33–e42. (Tambien disponible en: https://doi.org/10.1016/S2542-5196(17)30007-4).

Hoogsteen, M., Lantinga, E., Bakker, E., Groot, J. & Tittonell, P. 2015. Estimating soil organic carbon through loss on ignition: Effects of ignition conditions and structural water loss. *Revista Europea de Ciencia del Suelo*, 66: 320–328.

IFPRI. 2012. *Women's Empowerment in Agriculture Index*. Washington, D.C., IFPRI. (También disponible en: at www. ifpri.org/publication/womens-empowerment-agriculture-index).

IFPRI. 2015. *Instructional guide on the abbreviated Women's Empowerment in Agriculture Index (A-WEAI)*. Washington, D.C., IFPRI. (También disponible en: http://ebrary.ifpri.org/cdm/ref/collection/p15738coll2/id/129719).

Jaggi, S., Handa, D., Gill, A. & Singh, N. 2004. Land-equivalent ratio for assessing yield advantages from agroforestry experiment. *Revista de Ciencias Agrícolas de la India*, 74(2): 76–79.

Jackson-Smith, D. & Gillespie, G. 2005. Impacts of farm structural change on farmers' social ties. *Society and Natural Resources*, 18(3): 215–240.

Jones, A., Shrinivas, A. & Bezner-Kerr, R. 2014. Farm production diversity is associated with greater household dietary diversity in Malawi: Findings from nationally representative data. *Food Policy*, 46: 1–12.

Killip, S., Mahfoud, Z. & Pearce, K. 2004. What is an intracluster correlation coefficient? Crucial concepts for primary care researchers. *The Annals of Family Medicine*, 2(3): 204–208. (También disponible en: doi:10.1370/afm.141).

Kintl, A. 2018. Assessing the biological yield with Land Equivalent Ratio (LER) of six variants with mixed culture of corn (*Zea mays*) and legumes. Actas: XVIII GeoConferencia Científica Internacional Multidisciplinaria SGEM-2018. (También disponible en: DOI:10.5593/sgem2018/5.2/S20.013).

Lachat, C., Raneri, J., Smith, K., Kolsteren, P., Van Damme, P., Verzelen, K., Penafiel, D., Vanhove, W., Kennedy, G., Hunter, D., Odhiambo, F., Ntandou-Bouzitou, G., De Baets, B., Ratnasekera, D., Ky, H., Remans, R. & Termote, C. 2018. Dietary species richness as a measure of food biodiversity and nutritional quality of diets. *Proceedings of the National Academy of Sciences*, 115(1): 127–132.

Levard, L., Bertrand, M., & Masse, P. 2019. *Mémento pour l'évaluation de l'agroécologie: Méthodes pour évaluer ses effets et les conditions de son développement*. GTAE-AgroParisTech-CIRAD-IRD (También disponible en: www.avsf.org/public/posts/2349/memento_evaluation_agroecologie_gtae-2019.pdf).

Leyva, A. & Lores, A. 2018. Assessing agroecosystem sustainability in Cuba: A new agrobiodiversity index. *Elementa Science of Anthropocene*, 6(1): 80. (También disponible en: https://online.ucpress.edu/elementa/article/doi/10.1525/elementa.336/112846).

Lobao, L. 1990. *Locality and Inequality*. Albany, Nueva York, Prensa de la Universidad Estatal de Nueva York.

López-Ridaura, S., Masera, O. & Astier, M. 2002. Evaluating the sustainability of complex socio-environmental systems. The MESMIS framework. *Ecological Indicators* 2(1–2): 135–148.

Lorenz, K. & Lal, R. 2016. *Soil organic carbon – An appropriate indicator to monitor trends of land and soil degradation within the SDG Framework?* Dessau-Roßlau, Alemania: Umweltbundesmat.

Lucantoni, D., Jimenez, A. & Castro, A. 2018. *Conversión agroecológica para la soberanía y seguridad alimentaria*. Quito, Ecuador, Grupo Compás.

Ludena, C.E., Hertel, T.W., Preckel, P.V., Foster, K. & Nin, A. 2007. Productivity growth and convergence in crop, ruminant, and nonruminant production: Measurement and forecasts. *Agricultural Economics*, 37(1): 1–17.

Lyson, T., Torres, R. & Welsh, R. 2001. Scale of agricultural production, civic engagement and community welfare. *Social Forces*, 80: 311–327.

Metwally, A., Safina, S. & Hefny, A. 2018. Maximizing land equivalent ratio and economic return by intercropping maize with peanut under sandy soil in Egypt. *Revista Egipcia de Agronomia*, 40(1): 15–30.

Nicholls, C., Altieri, M., Dezanet, A., Lana, M., Feistauer, D. & Ouriques, M. 2004. A rapid, farmer-friendly agroecological method to estimate soil quality and crop health in vineyard systems. *Biodynamics*, 2004: 33–39. (Également disponible à l'adresse suivante: agroecology.pbworks.com/f/biodyn-indicators.pdf).

Nirmal Kumar, J.I., Bora, A., Kumar, R.N., Kaur Amb, M. & Khan, S. 2013. Toxicity analysis of pesticides on cyanobacterial species by 16SrDNA molecular characterization. *Actas de la Academia Internacional de Ecología y Ciencias Medioambientales*, 3(2): 101–132.

OCDE. 2018. *Paridad de Poder Adquisitivo (PPA)* [en línea]. Paris, OCDE. (También disponible en: https://data.oecd.org/conversion/purchasing-power-parities-ppp.htm).

OIT. 2013. *Decent work indicators*: Guidelines for producers and users of statistical and legal framework indicators. Ginebra, OIT.

ONUDAES. 2012. International migration report 2011. Nueva York, ONUDAES, División de Población.

PAN. 2015. *Replacing chemicals with biology: Phasing out hazardous pesticides with agroecology*. Berkeley, California, Red de Acción en Plaguicidas.

PAR. 2018. *Assessing agrobiodiversity: A compendium of methods*. Roma, Italia. Plataforma de Investigación de Biodiversidad Agrícola.

Pengue, W. & Gemmill-Herren, B. 2018. 'Eco-agrifood systems': Today's realities and tomorrow's challenges. En *TEEB for Agriculture and Food: Scientific and Economic Foundations*. Ginebra: ONU Medio Ambiente.

PNUMA. 2016. Sistemas alimentarios y recursos naturales. Informe del grupo de trabajo sobre sistemas alimentarios del panel internacional de recursos. Nairobi, Kenia, PNUMA. (También disponible en: https://www.resourcepanel.org/es/reports/food-systems-and-natural-resources).

Powell, B., Thilsted, S., Ickowitz, A., Termote, C., Sunderland, T. & Herforth A. 2015. Improving diets with wild and cultivated biodiversity from across the landscape. *Food Security*, 7(3): 535–554.

Ravallion, M. 2004. A poverty-inequality trade off? *Documento de Trabajo de Investigación Sobre Políticas del Banco Mundial* 3579. Washington, D.C., Banco Mundial.

Ross, J., Driver, J., Lunchick, C. & O'Mahony, C. 2015. Models for estimating human exposure to pesticides. *Outlooks on Pest Management*, 26(1).

Sánchez-Bayo, F. & Wyckhus, K.A.G. 2019. Worldwide decline of the entomofauna: A review of its drivers. *Biological Conservation*, 232: 8–27.

Smith, L. & Haddad, L. 2015. Reducing child undernutrition: Past drivers and priorities for the post- MDG era. *Desarrollo Mundial*, 68: 180–204.

Teillard, F., Anton, A., Dumont, B., Finn, J.A., Henry, B., Souza, D.M., Manzano P., Milà i Canals, L., Phelps, C., Said, M., Vijn, S. & White, S. 2016. *A review of indicators and methods to assess biodiversity – Application to livestock production at global scale*. Alianza sobre evaluación ambiental y desempeño ecológico de la ganadería (LEAP). Roma, FAO. (También disponible en: www.fao.org/3/a-av151e.pdf).

Teixeira, H., van den Berg, L., Cardoso, I., Vermue, A., Bianchi, F., Peña-Carlos, M., & Tittonell, P. 2018.

Understanding farm diversity to promote agroecological transitions. *Sostenibilidad*, 10(12): 4337. (También disponible en: https://www.mdpi.com/2071-1050/10/12/4337).

Tittonell, P., Muriuki, A., Shepherd, K.D., Mugendi, D., Kaizzi, K.C., Okeyo, J., Verchot, L., Coe, R., & Vanlauwe, B. 2010. The diversity of rural livelihoods and their influence on soil fertility in agricultural systems of East Africa: A typology of smallholder farms. *Sistemas Agricolas*, 103: 83–97.

Van der Ploeg, J.D., Barjolle, D., Bruil, J., Brunori, G., C. Madureira, L.M., Dossein, J., Dra̧g, Z., Fink-Kessler, A., Gasselin, P., González, M., Gorlach, K., Jürgens, K., Kinsella, J., Kirwan, J., Knickel, K., Lucas, V., Marsden, T., Maye, D., Migliorini, P., Milone, P, Noe, E., Nowak, P., Parrott, N., Peeters, A., Rossi, A., Schermer, M., Ventura, F., Visser, M. & Wezel, A. 2019. The economic potential of agroecology: Empirical evidence from Europe. *Revista de Estudios Rurales*, 71: 46–61. (También disponible en: https://www.sciencedirect.com/science/article/abs/pii/S0743016718314608).

Vogel, F., Keita, N., Galmés, M., Gallego Pinilla, F.J. & Ferraz, C. 2015. *Handbook on master sampling frames for agricultural statistics: Frame development, sample design and estimation*. Rome, GSRARS (Estrategia Mundial para Mejorar las Estadísticas Agrícolas y Rurales). (También disponible en: https://gsars.org/es).

Waha, K., van Wijk, M.T., Fritz, S., See, L., Thornton, P.K., Wichern, J. & Herrero, M. 2018. Agricultural diversification as an important strategy for achieving food security in Africa. *Global Change Biology*, 24(8): 3390–3400.

Wezel, A., Bellon, S., Doré, T., Francis, C., Vallod, D., & David, C. 2009. Agroecology as a science, a movement and a practice. A review. *Agronomy for Sustainable Development*, 29(4): 503–515.

Zhang, W. 2018. Global pesticide use: Profile, trend, cost / benefit and more. *Actas de la Academia Internacional de Ecología y Ciencias Ambientales*, 8(1): 1–27.

Zhang, W., Jiang, F. & Ou, J. 2011. Global pesticide consumption and pollution: With China as a focus. *Actas de la Academia Internacional de Ecología y Ciencias Ambientales*, 1(2): 125–144.

Zomer, R., Neufeldt, H., Xu, J., Ahrends, A., Bossio, D., Trabucco, A., van Noordwijn, M. & Wang, M. 2016. Global tree cover and biomass carbon on agricultural land: The contribution of agroforestry to global and national carbon budgets. *Reportes Científicos*, 6: 29987.

FOTO En la próxima página: Huerto en el centro de la antigua ciudad de Sana'a, Yemen.

© FAO/Rosetta Messori

ANEXOS

- LISTA DE PARTICIPANTES AL TALLER DE EXPERTOS DE LA FAO SOBRE EVALUACIÓN MULTIDIMENSIONAL DE LA AGROECOLOGÍA
- CUESTIONARIOS

ANEXO 1: LISTA DE PARTICIPANTES AL TALLER DE EXPERTOS DE LA FAO SOBRE EVALUACIÓN MULTIDIMENSIONAL DE LA AGROECOLOGÍA (8-9 DE OCTUBRE DE 2018, ROMA)

PARTICIPANTES EXTERNOS Y AFILIACIÓN	
David Amudavi	Biovision Africa Trust
Million Belay	AFSA
Rachel Bezner-Kerr	Universidad de Cornell
Jean-Luc Chotte	IRD
Ibrahima Coulibaly	ROPPA
Adelina Derkimba	CARI
Martín Drago	FoEI
Pierre Ferrand	GRET/ALiSEA
Andrea Ferrante	Schola Campesina
Émile Frison	IPES-Food
Barbara Gemmill-Herren	CIIA
Alberta Guerra	Action Aid
Judith Hitchman	Urgenci
Yodit Kebede	Universidad de Wageningen
Ashlesha Khadse	La Vía Campesina
Vijay Kumar	Gobierno de Andhra Pradesh, India
Allison Loconto	Universidad de Harvard/INRA
Santiago López-Ridaura	MESMIS/CIMMYT
Ousmane Ly	Union des Jeunes Agriculteurs du Koyli Wirnde / ROPPA
Salimi Maede	Cenesta
Bertrand Mathieu	GTAE (GRET, CARI, Action Sud, AVSF)
Clara Nicholls	SOCLA
Delphine Ortega	La Vía Campesina
Alain Peeters	Agroecology Europe
Paulo Petersen	MAELA
Pierre Pujos	Agricultor
Lucie Reynaud	GRET/ALiSEA
María Noel Salgado	MAELA
Éric Scopel	CIRAD
Sieglinde Snapp	Universidad del Estado de Michigan

Jean-Michel Sourisseau	CIRAD
Jean-François Soussana	INRA
Pablo Tittonell	INTA
Jean-Michel Waly Sene	Enda Pronat
OFICINAS DESCENTRALIZADAS DE LA FAO	
Txaran Basterrechea	FAO Angola
Barbara Jarschel	FAO Oficina Regional para América Latina y el Caribe (RLC)
Anne-Sophie Poisot	FAO India
Carolina Starr	FAO Oficina Regional para Europa y Asia Central (REU)
Duclair Sternadt	FAO Oficina Regional para América Latina y el Caribe (RLC)
PARTICIPANTES DE LAS DIVISIONES TÉCNICAS DE LA FAO	
Edmundo Barrios	FAO Producción y Protección Vegetal (NSP)
Caterina Batello	FAO Producción y Protección Vegetal (NSP)
Abram Bicksler	FAO Producción y Protección Vegetal (NSP)
Pierre-Marie Bosc	FAO Tierra y Agua (NSL)
Guilherme Brady	FAO Asociación y cooperación Sur-Sur (PSU)
Rémi Cluset	FAO Producción y Protección Vegetal (NSP)
Maryline Darmaun	FAO Clima y Medio Ambiente (OCB)
Frank Escobar	FAO Producción y Protección Vegetal (NSP)
Jean-Marc Faurès	FAO Agricultura Sostenible (SP2)
Jimena Gómez	FAO Producción y Protección Vegetal (NSP)
Amy Heyman	FAO Agricultura Sostenible (SP2)
Patrick Kalas	FAO Clima, Biodiversidad, Tierra y Agua (OCB)
Jeri Kelly	FAO Producción y Protección Vegetal (NSP)
Jeongha Kim	FAO Políticas Sociales e Instituciones Rurales (ESP)
Anna Korzenszky	FAO Asociación y cooperación Sur-Sur (PSU)
Szilvia Lehel	FAO Políticas Sociales e Instituciones Rurales (ESP)
Dario Lucantoni	FAO División de Producción y Sanidad Animal (NSA)
Rubén Martínez	FAO Producción y Protección Vegetal (NSP)
Soren Moller	FAO Producción y Protección Vegetal (NSP)
Anne Mottet	FAO División de Producción y Sanidad Animal (NSA)
Molefi Mpheshea	FAO Clima y Medio Ambiente (OCB)
Clelia Maria Puzzo	FAO Clima, Biodiversidad, Tierra y Agua (OCB)
Maryam Rahmanian	FAO Clima, Biodiversidad, Tierra y Agua (OCB)
Beate Scherf	FAO Agricultura Sostenible (SP2)
Emma Siliprandi	FAO Producción y Protección Vegetal (NSP)
Ilaria Sisto	FAO Políticas Sociales e Instituciones Rurales (ESP)
Florence Tartanac	FAO Nutrición y Sistemas Alimentarios (ESN)
Félix Teillard	FAO División de Producción y Sanidad Animal (NSA)
Berhe Tekola	FAO División de Producción y Sanidad Animal (NSA)

ANEXO 2. CUESTIONARIOS

PASO 0 – DESCRIPCIÓN DE SISTEMAS Y CONTEXTO

1. País
2. Ubicación (municipio, provincia)
3. Coordenadas de la vivienda (si está disponible)
4. Tipo de sistema de producción
5. Nombre del sistema evaluado

Si desea evaluar un territorio o una comunidad, tenga en cuenta que el Paso 2 (criterios de desempeño) tendría que adaptarse a los resultados de alto nivel del hogar/granja

6. ¿Cuántas personas viven en el hogar?
   > Hombres
   > Mujeres
   > Jóvenes
   > Niños
7. ¿Cuántos de estos trabajan en el sistema de producción agrícola evaluado?
   > Hombres
   > Mujeres
   > Jóvenes
   > Niños

Actividades productivas

8. Superficie total en producción (ha)
9. ¿Cuáles son los productos agrícolas productivos? Seleccione tantos como sea necesario
   > Cultivos, animales (incluidos peces), árboles, otros
10. ¿Cuál es el principal destino previsto de la producción agrícola?
   > Venta
   > Sobre todo venta y una pequeña parte de autoconsumo
   > Igual venta y autoconsumo
   > Principalmente autoconsumo y una pequeña parte de la venta
   > Autoconsumo

Ambiente Propicio

11. Describa brevemente el contexto natural en el que se encuentra el sistema (por ejemplo, tipo de agroecosistema, clima, elevación ...) y los desafíos ambientales (por ejemplo, sequías, inundaciones, contaminación ...)

12. Describa brevemente las políticas públicas y el contexto de mercado que pueden apoyar o limitar la transición agroecológica del sistema (por ejemplo, regulaciones nacionales o locales sobre producción y comercio agrícola, áreas de conservación, existencia de etiquetas o mecanismos para reconocer/proteger el origen del producto , mercados/ferias locales, sistemas de garantía participativa, agricultura apoyada por la comunidad ...)
13. Describa brevemente los diversos actores que interactúan con el sistema y los grupos o redes potenciales que pueden apoyar la transición agroecológica (por ejemplo, servicios de extensión, cooperativas, plataformas de conocimiento, organización de productores, mecanismos de gobernanza participativa como los consejos alimentarios ...)

PASO 1 – CARACTERIZACIÓN DE LAS TRANSICIÓN AGROECOLÓGICA

1. DIVERSIDAD

CULTIVOS

→ 0 - Monocultivo (o sin cultivos).

→ 1 - Un cultivo que cubre más del 80 por ciento del área cultivada.

→ 2 - Dos o tres cultivos con una superficie cultivada importante.

→ 3 - Más de 3 cultivos con una superficie cultivada significativa adaptada a las condiciones climáticas locales y cambiantes.

→ 4 - Más de 3 cultivos de diferentes variedades adaptados a las condiciones locales y finca espacialmente diversificada con cultivos múltiples, policultivos o intercalados.

ANIMALES (INCLUYENDO PECES E INSECTOS)

→ 0 - No se crían animales.

→ 1 - Solo una especie.

→ 2 - Dos o tres especies, con pocos animales.

→ 3 - Más de tres especies con un número significativo de animales.

→ 4 - Más de tres especies con diferentes razas bien adaptadas a las condiciones climáticas locales y cambiantes.

ÁRBOLES (Y OTRAS PLANTAS PERENNES)

→ 0 - Sin árboles (ni otras plantas perennes).

→ 1 - Pocos árboles (y/u otras plantas perennes) de una sola especie.

→ 2 - Algunos árboles (y/u otras plantas perennes) de más de una especie.

→ 3 - Número significativo de árboles (y/u otras plantas perennes) de diferentes especies.

→ 4 - Gran cantidad de árboles (y/u otras plantas perennes) de diferentes especies integrados en la tierra de cultivo.

DIVERSIDAD DE ACTIVIDADES, PRODUCTOS Y SERVICIOS

→ 0 - una sola actividad productiva (por ejemplo, vender una sola cosecha).

→ 1 - Dos o tres actividades productivas (por ejemplo, venta de 2 cultivos, o un cultivo y un tipo de animales).

→ 2 - Más de 3 actividades productivas.

→ 3 - Más de 3 actividades productivas y un servicio (por ejemplo, procesamiento de productos en la finca, ecoturismo, transporte de bienes agrícolas, capacitación, etc.).

→ 4 - Más de 3 actividades productivas y varios servicios.

2. SINERGIAS

INTEGRACIÓN CULTIVO-GANADO-ACUICULTURA

El enumerador debe considerar los recursos compartidos a nivel de la comunidad. En el caso de pastos comunales, por ejemplo, los correspondientes insumos de alimento para animales no se consideran externos. Se consideran externos únicamente los piensos comprados en el mercado.

→ 0 - Sin integración: los animales, incluidos los peces, se alimentan con piensos comprados y su estiércol no se utiliza para la fertilidad del suelo; o ningún animal en el agroecosistema.

→ 1 - Baja integración: los animales se alimentan principalmente con piensos comprados, su estiércol se utiliza como fertilizante.

→ 2 - Integración media: los animales se alimentan mayoritariamente con piensos producidos en la explotación y/o pastoreo, su estiércol se utiliza como fertilizante.

→ 3 - Alta integración: los animales se alimentan mayoritariamente con piensos producidos en la explotación, residuos y subproductos de cultivos y/o pastoreo, su estiércol se utiliza como fertilizante y les proporciona tracción.

→ 4 - Integración completa: los animales se alimentan exclusivamente con piensos producidos en la granja, residuos y subproductos de cultivos y/o pastoreo, todo su estiércol se recicla como fertilizante y brindan más de un servicio (alimento, productos, tracción, etc.).

GESTIÓN DEL SISTEMA DE PLANTAS DE SUELO

→ 0 - El suelo está descubierto después de la cosecha. Sin cultivos intercalados. Sin rotaciones de cultivos (o sistemas de pastoreo rotacionales). Fuerte alteración del suelo (biológica, química o mecánica).

→ 1 - Menos del 20 por ciento de la tierra cultivable está cubierta con residuos o cultivos de cobertura. Más del 80 por ciento de los cultivos se producen en monocultivo y cultivo continuo (o sin pastoreo rotativo).

→ 2 - 50 por ciento del suelo está cubierto de residuos o cultivos de cobertura. Algunos cultivos se rotan o intercalan (o se realiza algún pastoreo rotativo).

→ 3 - Más del 80 por ciento del suelo está cubierto de residuos o cultivos de cobertura. Los cultivos se rotan con regularidad o se intercalan (o el pastoreo rotativo es sistemático). Se minimiza la alteración del suelo.

→ 4 - Todo el suelo está cubierto de residuos o cultivos de cobertura. Los cultivos se rotan regularmente y el cultivo intercalado es común (o el pastoreo rotativo es sistemático). Poca o ninguna alteración del suelo.

INTEGRACIÓN CON ÁRBOLES (AGROFORESTERÍA, SILVOPASTORALISMO, AGROSILVOPASTORALISMO)

Considere también las áreas forestales comunes.

→ 0 - Sin integración: los árboles (y otras plantas perennes) no tienen un papel para los humanos, ni en la producción de cultivos o animales.

→ 1 - Baja integración: una pequeña cantidad de árboles (y otras plantas perennes) solo proporcionan un producto (por ejemplo, frutas, madera, forraje, sustancias medicinales o bio-plaguicidas ...) o servicio (por ejemplo, sombra para los animales, mayor fertilidad del suelo, retención de agua, barrera para erosión del suelo ...) para humanos cultivos y/o animales.

→ 2 - Integración media: un número significativo de árboles (y otras plantas perennes) proporcionan al menos un producto o servicio.

→ 3 - Alta integración: un número significativo de árboles (y otras plantas perennes) proporcionan varios productos y servicios.

→ 4 - Integración completa: muchos árboles (y otras plantas perennes) proporcionan varios productos y servicios.

CONECTIVIDAD ENTRE ELEMENTOS DEL AGROECOSISTEMA Y EL PAISAJE

Considere las áreas circundantes, los ambientes seminaturales y las zonas potenciales de compensación ecológica.

→ 0 - Sin conectividad: alta uniformidad dentro y fuera del agroecosistema, sin ambientes seminaturales, sin zonas de compensación ecológica.

→ 1 - Baja conectividad: se pueden encontrar algunos elementos aislados en el agroecosistema, como árboles, arbustos, cercas naturales, un estanque o una pequeña zona de compensación ecológica.

→ 2 - Conectividad media: varios elementos son adyacentes a cultivos y/o pastos o una gran zona de compensación ecológica.

→ 3 - Conectividad significativa: se pueden encontrar varios elementos entre parcelas de cultivo y/o pastos o varias zonas de compensación ecológica (árboles, arbustos, vegetación natural, pastos, setos, canales, etc.).

→ 4 - Alta conectividad: el agroecosistema presenta un mosaico y paisaje diversificado, muchos elementos como árboles, arbustos, vallas o estanques se pueden encontrar entre cada parcela de cultivo o pasto, o varias zonas de compensación ecológica.

3. EFICIENCIA

USO DE ENTRADAS EXTERNAS

Tener en cuenta todos los insumos necesarios para la producción, incluidos energía, combustible, fertilizantes, semillas, animales jóvenes, paja para inseminación artificial, mano de obra, sustancias fitosanitarias, etc.

→ 0 - Todos los insumos se compran en el mercado.

→ 1 - La mayoría de los insumos se compran en el mercado.

→ 2 - Algunos insumos se producen en la finca/dentro del agroecosistema o se intercambian con otros miembros de la comunidad.

→ 3 - La mayoría de los insumos se producen en la finca/dentro del agroecosistema o se intercambian con otros miembros de la comunidad.

→ 4 - Todos los insumos se producen en la finca/dentro del agroecosistema o se intercambian con otros miembros de la comunidad.

GESTIÓN DE LA FERTILIDAD DEL SUELO

→ 0 - Los fertilizantes sintéticos se utilizan regularmente en todos los cultivos y/o pastizales (o no se utilizan fertilizantes por falta de acceso, pero no se utiliza ningún otro sistema de gestión).

→ 1 - Los fertilizantes sintéticos se usan regularmente en la mayoría de los cultivos y algunas prácticas orgánicas (por ejemplo, estiércol o compost) se aplican a algunos cultivos y/o pastizales.

→ 2 - Los fertilizantes sintéticos se utilizan solo en unos pocos cultivos específicos. Las prácticas orgánicas se aplican a los demás cultivos y/o pastizales.

→ 3 - Los fertilizantes sintéticos solo se utilizan excepcionalmente. Una variedad de prácticas orgánicas son la norma.

→ 4 - No se utilizan fertilizantes sintéticos, la fertilidad del suelo se maneja solo a través de una variedad de prácticas orgánicas.

MANEJO DE PLAGAS Y ENFERMEDADES

→ 0 - Los pesticidas y medicamentos químicos se utilizan regularmente para el manejo de plagas y enfermedades. No se utiliza ninguna otra gestión.

→ 1 - Los pesticidas y medicamentos químicos se utilizan únicamente para un cultivo/animal específico. Algunas sustancias biológicas y prácticas orgánicas se aplican esporádicamente.

→ 2 - Las plagas y enfermedades se manejan mediante prácticas orgánicas, pero los pesticidas químicos se utilizan solo en casos específicos y muy limitados.

→ 3 - No se utilizan pesticidas ni medicamentos químicos. Las sustancias biológicas son la norma.

→ 4 - No se utilizan pesticidas ni medicamentos químicos. Las plagas y enfermedades se gestionan mediante una variedad de sustancias biológicas y medidas de prevención.

PRODUCTIVIDAD Y NECESIDADES DEL HOGAR

Considere todo tipo de activos, incluidos los animales, los árboles perennes, etc.

→ 0 - No se satisfacen las necesidades de alimentos ni de otros elementos esenciales del hogar.

→ 1 - La producción cubre solo las necesidades alimentarias del hogar. Sin excedente para generar ingresos.

→ 2 - La producción cubre las necesidades de alimentos de los hogares y los excedentes generan dinero en efectivo para comprar lo esencial, pero no permiten ahorrar.

→ 3 - La producción cubre las necesidades de alimentos de los hogares y el excedente genera efectivo para comprar lo esencial y tener ahorros esporádicos.

→ 4 - Todas las necesidades del hogar se satisfacen, tanto en comida como en efectivo para comprar todos los artículos básicos necesarios y tener ahorros regulares.

4. RECICLAJE

RECICLAJE DE BIOMASA Y NUTRIENTES

→ 0 - Los residuos y subproductos no se reciclan (por ejemplo, se dejan para descomponer o quemar). Se descargan o se queman grandes cantidades de desechos.

→ 1 - Una pequeña parte de los residuos y subproductos se recicla (por ejemplo, residuos de cultivos como alimento para animales, uso de estiércol como fertilizante, producción de compost a partir de estiércol y desechos domésticos, abono verde). Los desechos se descargan o se queman.

→ 2 - Se recicla más de la mitad de los residuos y subproductos. Algunos residuos se descargan o se queman.

→ 3 - La mayoría de los residuos y subproductos se reciclan. Solo se descarga o quema una pequeña cantidad de desechos.

→ 4 - Se reciclan todos los residuos y subproductos. No se descarga ni se quema ningún residuo.

AHORRO DE AGUA

→ 0 - Sin equipos ni técnicas para la recolección o el ahorro de agua.

→ 1 - Un tipo de equipo para la recolección o el ahorro de agua (por ejemplo, riego por goteo, tanque).

→ 2 - Un tipo de equipo para la recolección o el ahorro de agua y el uso de una práctica para limitar el uso del agua (por ejemplo, riego temporal, cultivos de cobertura).

→ 3 - Un tipo de equipo para la recolección o ahorro de agua y diversas prácticas para limitar el uso de agua.

→ 4 - Varios tipos de equipos para la recolección o ahorro de agua y diversas prácticas para limitar el uso de agua.

MANEJO DE SEMILLAS Y RAZAS

→ 0 - Todas las semillas y/o recursos genéticos animales (por ejemplo, pollitos, animales jóvenes, semen) se compran en el mercado.

→ 1 - Más del 80 por ciento de las semillas/recursos zoogenéticos se compran en el mercado.

→ 2 - Aproximadamente la mitad de las semillas son de producción propia o de intercambio, la otra mitad se compra en el mercado. Aproximadamente la mitad de la cría se realiza con granjas vecinas.

→ 3 - La mayoría de las semillas/recursos zoogenéticos son de producción propia o de intercambio. Algunas semillas específicas se compran en el mercado.

→ 4 - Todas las semillas/recursos zoogenéticos se producen por sí mismos, se intercambian con otros agricultores o se gestionan colectivamente, lo que garantiza una renovación y diversidad suficientes.

USO Y PRODUCCIÓN DE ENERGÍAS RENOVABLES

→ 0 - No se utiliza ni se produce energía renovable.

→ 1 - La mayor parte de la energía se compra en el mercado. Una pequeña cantidad es de producción propia (tracción animal, viento, turbina, hidráulica, biogás, madera...).

→ 2 - La mitad de la energía utilizada es de producción propia, la otra mitad se compra.

→ 3 - Producción significativa de energía renovable, uso insignificante de combustible y otras fuentes no renovables.

→ 4 - Toda la energía utilizada es renovable y/o autoproducida. El hogar es autosuficiente para el suministro energético, que está garantizado en todo momento. El uso de combustibles fósiles es insignificante.

5. RESILIENCIA

ESTABILIDAD DE INGRESOS/PRODUCCIÓN Y CAPACIDAD PARA RECUPERARSE DE LAS PERTURBACIONES

→ 0 - Los ingresos están disminuyendo año tras año, la producción es muy variable a pesar del nivel constante de insumos y no hay capacidad de recuperación después de choques/perturbaciones.

→ 1 - La renta está en tendencia decreciente, la producción es variable de año a año (con insumos constantes) y hay poca capacidad de recuperación después de choques/perturbaciones.

→ 2 - La renta es estable en general, pero la producción es variable de un año a otro (con insumos constantes). La renta y la producción se recuperan principalmente después de los choques/perturbaciones.

→ 3 - La renta es estable y la producción varía poco de un año a otro (con insumos constantes). La renta y la producción se recuperan principalmente después de los choques/perturbaciones.

→ 4 - Los ingresos y la producción se mantienen estables y aumentan con el tiempo. Se recuperan completa y rápidamente después de choques/perturbaciones.

MECANISMOS PARA REDUCIR LA VULNERABILIDAD

Con perspectiva de género

→ 0 - Sin acceso a crédito, sin seguro, sin mecanismos de apoyo comunitario.

→ 1 - La comunidad no brinda mucho apoyo y su capacidad de ayudar después de las crisis es muy limitada. Y/o el acceso al crédito y al seguro es limitado.

→ 2 - La comunidad es solidaria pero su capacidad de ayudar después de las crisis es limitada. Y/o el acceso al crédito está disponible, pero es difícil de obtener en la práctica. El seguro es poco común y no permite una cobertura completa de los riesgos.

→ 3 - La comunidad brinda mucho apoyo tanto a hombres como a mujeres, pero su capacidad de ayudar después de las crisis es limitada. Y/o acceso a crédito está disponible y el seguro cubre solo productos/riesgos específicos.

→ 4 - La comunidad es un gran apoyo tanto para hombres como para mujeres y puede ayudar significativamente después de las crisis. Y/o el acceso al crédito es casi sistemático y el seguro cubre la mayor parte de la producción.

ENDEUDAMIENTO

→ 0: la deuda es mayor que los ingresos.

→ 1 - La deuda es más de la mitad de los ingresos. La capacidad de reembolso es limitada.

→ 2 - La deuda es aproximadamente la mitad de los ingresos.

→ 3 - La deuda es limitada y la capacidad de reembolso es total.

→ 4 - Sin deuda.

DIVERSIDAD DE ACTIVIDADES, PRODUCTOS Y SERVICIOS

Este índice es la puntuación promedio para el elemento de diversidad ya evaluado.

6. CULTURA Y TRADICIÓN ALIMENTARIA

ALIMENTACION APROPIADA Y CONOCIMIENTO NUTRICIONAL

→ 0 - Insuficiencia alimentaria sistemática para satisfacer las necesidades nutricionales y desconocimiento de las buenas prácticas nutricionales.

→ 1 - La comida periódica es insuficiente para satisfacer las necesidades nutricionales y/o la dieta se basa en un número limitado de grupos de alimentos. Falta de conocimiento de buenas prácticas nutricionales.

→ 2 - Seguridad alimentaria general a lo largo del tiempo, pero diversidad insuficiente en los grupos de alimentos. Las buenas prácticas nutricionales son conocidas, pero no siempre se aplican.

→ 3 - La comida es suficiente y diversa. Las buenas prácticas nutricionales son conocidas, pero no siempre se aplican.

→ 4 – Alimentación sana, nutritiva y diversificada. Las buenas prácticas nutricionales son bien conocidas y se aplican.

IDENTIDAD Y CONOCIMIENTO LOCAL O TRADICIONAL (CAMPESINO/INDÍGENA)

→ 0 - No se siente identidad local o tradicional (campesina/indígena).

→ 1 - Poca conciencia de la identidad local o tradicional.

→ 2 - Se percibe parcialmente la identidad local o tradicional, o concierne solo a una parte del hogar.

→ 3 - Buen conocimiento de la identidad local o tradicional y respeto de las tradiciones o rituales en general.

→ 4 - Identidad local o tradicional fuertemente percibida y protegida, alto respeto por las tradiciones y/o rituales..

USO DE VARIEDADES/RAZAS LOCALES Y CONOCIMIENTOS TRADICIONALES (CAMPESINOS E INDÍGENAS) PARA LA PREPARACIÓN DE ALIMENTOS

→ 0 - No se utilizan variedades/razas locales ni conocimientos tradicionales para la preparación de alimentos.

→ 1 - Se consume la mayoría de las variedades/razas exóticas/introducidas, o se utilizan poco los conocimientos y prácticas tradicionales para la preparación de alimentos.

→ 2 - Se producen y consumen variedades/razas locales y exóticas/introducidas. Se identifican los conocimientos y prácticas locales o tradicionales para la preparación de alimentos, pero no siempre se aplican.

→ 3 - La mayoría de los alimentos consumidos proviene de variedades/razas locales y se implementan los conocimientos y prácticas tradicionales para la preparación de alimentos.

→ 4 - Se producen y consumen varias variedades/razas locales. Los conocimientos y prácticas tradicionales para la preparación de alimentos se identifican, aplican y reconocen en marcos oficiales y/o eventos específicos.

7. CO-CREACIÓN E INTERCAMBIO DE CONOCIMIENTOS

PLATAFORMAS PARA LA CREACIÓN Y TRANSFERENCIA HORIZONTAL DE CONOCIMIENTO Y BUENAS PRÁCTICAS

Con perspectiva de género. Las plataformas pueden ser organizaciones formales o informales, escuelas de campo para agricultores, reuniones periódicas, capacitaciones, etc.

→ 0 - Los productores no disponen de plataformas de co-creación y transferencia de conocimiento.

→ 1 - Existe al menos una plataforma para la co-creación y transferencia de conocimiento, pero no funciona bien y/o no se utiliza en las prácticas.

→ 2 - Existe y está funcionando al menos una plataforma para la co-creación y transferencia de conocimientos, pero no se utiliza para compartir conocimientos sobre agroecología específicamente.

→ 3 - Existen una o varias plataformas para la co-creación y transferencia de conocimiento, están funcionando y se utilizan para compartir conocimientos sobre agroecología, incluidas las mujeres.

→ 4 - Varias plataformas bien establecidas y en funcionamiento para la co-creación y transferencia de conocimiento están disponibles y generalizadas dentro de la comunidad, incluidas las mujeres.

ACCESO AL CONOCIMIENTO AGROECOLÓGICO E INTERÉS DE LOS PRODUCTORES EN AGROECOLOGÍA

Con perspectiva de género. Los conocimientos y prácticas agroecológicos también pueden denominarse de otras formas, y los productores pueden conocerlos y aplicarlos sin conocer la palabra "agroecología". Centrarse en las prácticas y los conocimientos reales para la evaluación, y no en el conocimiento formal de la "agroecología" como ciencia.

→ 0 - Falta de acceso al conocimiento agroecológico: los productores desconocen los principios de la agroecología.

→ 1 - Los principios de la agroecología son en su mayoría desconocidos para los productores y/o hay poca confianza en ellos.

→ 2 - Los productores conocen algunos principios agroecológicos y existe interés en difundir la innovación, facilitando el intercambio de conocimientos dentro y entre las comunidades e involucrando a las generaciones más jóvenes.

→ 3 - La agroecología es bien conocida y los productores están dispuestos a implementar innovaciones, facilitando el intercambio de conocimientos dentro y entre las comunidades e involucrando a las generaciones más jóvenes. Incluidas las mujeres y las generaciones más jóvenes.

→ 4 - Acceso generalizado al conocimiento agroecológico tanto de hombres como de mujeres: los productores conocen bien los principios de la agroecología y están ansiosos por aplicarlos, facilitando el intercambio de conocimientos dentro y entre las comunidades e involucrando a las generaciones más jóvenes.

PARTICIPACIÓN DE PRODUCTORES EN REDES Y ORGANIZACIONES BASE

Con perspectiva de género.

→ 0 - Los productores están aislados, casi no tienen relación con su comunidad local y no participan en reuniones y organizaciones de base.

→ 1 - Los productores tienen relaciones esporádicas con su comunidad local y rara vez participan en reuniones y organizaciones de base.

→ 2 - Los productores mantienen relaciones regulares con su comunidad local y algunas veces participan en los eventos de sus organizaciones de base, pero no tanto para las mujeres.

→ 3 - Los productores están bien interconectados con su comunidad local y a menudo participan en los eventos de sus organizaciones de base, incluidas las mujeres.

→ 4 - Los productores (con participación equitativa de hombres y mujeres) están altamente interconectados y brindan apoyo y muestran un compromiso y participación muy altos en todos los eventos de su comunidad local y organizaciones de base.

8. VALORES HUMANOS Y SOCIALES

EMPODERAMIENTO DE LAS MUJERES

→ 0 - Las mujeres normalmente no tienen voz en la toma de decisiones, ni en el hogar ni en la comunidad. No existe ninguna organización para el empoderamiento de la mujer.

→ 1 - Las mujeres pueden tener voz en su hogar, pero no en la comunidad. Y/o existe una forma de asociación de mujeres, pero no es completamente funcional.

→ 2 - Las mujeres pueden influir en la toma de decisiones, tanto a nivel doméstico como comunitario, pero no toman decisiones. No tienen acceso a los recursos. Y/o existen algunas formas de asociaciones de mujeres, pero no son completamente funcionales.

→ 3 - Las mujeres participan plenamente en los procesos de toma de decisiones, pero aún no tienen acceso total a los recursos. Y/o existen organizaciones de mujeres y se utilizan.

→ 4 - Las mujeres están completamente empoderadas en términos de toma de decisiones y acceso a recursos. Y/o existen organizaciones de mujeres, son funcionales y operativas.

TRABAJO (CONDICIONES PRODUCTIVAS, DESIGUALDADES SOCIALES)

→ 0 - Las cadenas de suministro agrícola están integradas y administradas por la agroindustria. Distancia social y económica entre terratenientes y trabajadores. Y/o los trabajadores no tienen condiciones de trabajo decentes, ganan salarios bajos y están muy expuestos a riesgos.

→ 1 - Las condiciones laborales son duras, los trabajadores tienen salarios medios para el contexto local y pueden estar expuestos a riesgos.

→ 2 - La agricultura se basa principalmente en la agricultura familiar, pero los productores tienen un acceso limitado al capital y a los procesos de toma de decisiones. Los trabajadores tienen las condiciones laborales mínimas decentes.

→ 3 - La agricultura se basa principalmente en la agricultura familiar y los productores (tanto hombres como mujeres) tienen acceso al capital y a los procesos de toma de decisiones. Los trabajadores tienen condiciones laborales dignas.

→ 4 - La agricultura se basa en agricultores familiares que tienen pleno acceso a capital y procesos de toma de decisiones en equidad de género. Proximidad social y económica entre agricultores y empleados.

EMPODERAMIENTO Y EMIGRACIÓN DE LOS JÓVENES

→ 0 - Los jóvenes no ven futuro en la agricultura y están ansiosos por emigrar.

→ 1 - La mayoría de los jóvenes piensa que la agricultura es demasiado dura y muchos desean emigrar.

→ 2 - La mayoría de los jóvenes no quieren emigrar, a pesar de las duras condiciones laborales, y desean mejorar sus medios de vida y sus condiciones de vida dentro de su comunidad.

→ 3 - La mayoría de los jóvenes (hombres y mujeres) están satisfechos con las condiciones laborales y no quieren emigrar.

→ 4 - Los jóvenes (hombres y mujeres) ven su futuro en la agricultura y están ansiosos por continuar y mejorar la actividad de sus padres.

BIENESTAR ANIMAL [SI APLICA]

→ 0 - Los animales sufren de hambre y sed, estrés y enfermedades durante todo el año, y son sacrificados sin evitar dolores innecesarios.

→ 1 - Los animales sufren periódicamente/estacionalmente de hambre y sed, estrés o enfermedades, y son sacrificados sin evitar dolores innecesarios.

→ 2 - Los animales no padecen hambre ni sed, pero sufren estrés, pueden ser propensos a enfermedades y pueden sufrir dolor en el momento del sacrificio.

→ 3 - Los animales no padecen hambre, sed o enfermedades, pero pueden sufrir estrés, especialmente en el momento del sacrificio.

→ 4 - Los animales no sufren estrés, hambre, sed, dolor o enfermedades, y son sacrificados de manera que se eviten dolores innecesarios.

9. ECONOMÍA CIRCULAR Y SOLIDARIDAD

PRODUCTOS Y SERVICIOS COMERCIALIZADOS LOCALMENTE

→ 0 - Ningún producto/servicio se comercializa localmente (o no se produce suficiente excedente), o no existe un mercado local.

→ 1 - Existen mercados locales, pero casi ninguno de los productos/servicios se comercializa localmente.

→ 2 - Existen mercados locales. Algunos productos/servicios se comercializan localmente.

→ 3 - La mayoría de los productos/servicios se comercializan localmente.

→ 4 - Todos los productos y servicios se comercializan localmente.

REDES DE PRODUCTORES, RELACIÓN CON CONSUMIDORES Y PRESENCIA DE INTERMEDIARIOS

Con perspectiva de género.

→ 0 - No existen redes de productores para comercializar la producción agrícola. Sin relación con los consumidores. Los intermediarios gestionan todo el proceso de mercadeo.

→ 1 - Las redes existen, pero no funcionan correctamente. Poca relación con los consumidores. Los intermediarios gestionan la mayor parte del proceso de mercadeo.

→ 2 - Las redes existen y están operativas, pero no incluyen mujeres. Existe una relación directa con los consumidores. Los intermediarios gestionan parte del proceso de mercadeo.

→ 3 - Las redes existen y están operativas, incluidas las mujeres. Existe una relación directa con los consumidores. Los intermediarios gestionan parte del proceso de mercadeo.

→ 4 - Existen redes operativas y bien establecidas con participación igualitaria de mujeres. Relación sólida y estable con los consumidores. Sin intermediarios.

SISTEMA ALIMENTARIO LOCAL

→ 0 - La comunidad depende totalmente del exterior para comprar alimentos e insumos agrícolas y para la comercialización y procesamiento de productos.

→ 1 - La mayoría del suministro de alimentos e insumos agrícolas se compran en el exterior y los productos se procesan y comercializan fuera de la comunidad local. Muy pocos bienes y servicios se intercambian/venden entre productores locales.

→ 2 - El suministro de alimentos y los insumos se compran fuera de la comunidad y/o los productos se procesan localmente. Algunos bienes y servicios se intercambian / venden entre productores locales.

→ 3 - Las partes iguales del suministro de alimentos e insumos están disponibles localmente y se compran fuera de la comunidad y los productos se procesan localmente. Los intercambios/intercambios entre productores son regulares.

→ 4 - La comunidad es casi completamente autosuficiente para la producción agrícola y alimentaria. Alto nivel de intercambio/comercio de productos y servicios entre productores.

10. GOBERNANZA RESPONSABLE

EMPODERAMIENTO DE LOS PRODUCTORES

Con perspectiva de género.

→ 0 - No se respetan los derechos de los productores. No tienen poder de negociación y carecen de los medios para mejorar sus medios de vida y desarrollar sus habilidades.

→ 1 - Se reconocen los derechos de los productores, pero no siempre se respetan. Tienen poco poder de negociación y pocos medios para mejorar sus medios de vida y/o desarrollar sus habilidades.

→ 2 - Los derechos de los productores son reconocidos y respetados tanto para hombres como para mujeres. Tienen poco poder de negociación, pero no se les estimula para mejorar sus medios de vida y/o desarrollar sus habilidades.

→ 3 - Los derechos de los productores son reconocidos y respetados tanto para hombres como para mujeres. Tienen la capacidad y los medios para mejorar sus medios de vida y, a veces, se les estimula a desarrollar sus habilidades.

→ 4 - Los derechos de los productores son reconocidos y respetados tanto para hombres como para mujeres. Tienen la capacidad y los medios para mejorar sus medios de vida y desarrollar sus habilidades.

ORGANIZACIONES Y ASOCIACIONES DE PRODUCTORES

Con perspectiva de género.

→ 0 - La cooperación entre productores es poco transparente, corrupta o inexistente. No existe ninguna organización, o no distribuyen las ganancias de manera transparente y/o equitativa ni apoyan a los productores.

→ 1 - Existe una organización de productores, pero su función es marginal y el apoyo a los productores se limita al acceso al mercado.

→ 2 - Existe una organización de productores que brinda apoyo a los productores para el acceso al mercado y otros servicios (por ejemplo, información, desarrollo de capacidades, incentivos ...), pero las mujeres no tienen acceso.

→ 3 - Existe una organización de productores que brinda apoyo a los productores para el acceso al mercado y otros servicios con igualdad de acceso para hombres y mujeres.

→ 4 - Existe más de una organización. Proporcionan acceso al mercado y otros servicios, con igualdad de acceso para hombres y mujeres.

PARTICIPACIÓN DE PRODUCTORES EN LA GOBERNANZA DE LA TIERRA Y LOS RECURSOS NATURALES

Con perspectiva de género.

→ 0 - Los productores están completamente excluidos de la gobernanza de la tierra y los recursos naturales. No existe equidad de género en la gobernanza de la tierra y los recursos naturales.

→ 1 - Los productores participan en la gobernanza de la tierra y los recursos naturales, pero su influencia en las decisiones es limitada. No siempre se respeta la equidad de género.

→ 2 - Existen mecanismos que permiten a los productores participar en la gobernanza de la tierra y los recursos naturales, pero no son plenamente operativos. Su influencia en las decisiones es limitada. No siempre se respeta la equidad de género.

→ 3 - Existen y están en pleno funcionamiento mecanismos que permitan a los productores participar en la gobernanza de la tierra y los recursos naturales. Pueden influir en las decisiones. No siempre se respeta la equidad de género.

→ 4 - Existen y están en pleno funcionamiento mecanismos que permitan a los productores participar en la gobernanza de la tierra y los recursos naturales. Tanto mujeres como hombres pueden influir en las decisiones.

PASO 2 – CRITERIOS BÁSICOS DE DESEMPEÑO

Algunas secciones de este paso pedirán información sobre gastos, ingresos o precios. Especifique la moneda en la que se expresarán estos valores: ____________________

TENENCIA DE LA TIERRA

¿Tiene algún reconocimiento legal de su tierra?
(para pastores: ¿está legalmente reconocida su movilidad?)
Marque solo uno por categoría

	HOMBRES	MUJERES
Si		
No		

En caso afirmativo, ¿qué tipo de DOCUMENTO FORMAL tiene?
Marque solo uno por categoría

	HOMBRES	MUJERES
Título de propiedad		
Certificado de tenencia habitual		
Certificado de habitación		
Testamento o certificado registrados de adquisición hereditaria		
Certificado registrado de arrendamiento perpetuo / a largo plazo		
Contrato de alquiler registrado		
Corredor de movimiento seguro		
Otro		

Tenencia segura de la tierra: percepción y derechos:
Marque SÍ o NO por categoría

	HOMBRES SI / NO	MUJERES SI / NO
En caso afirmativo, ¿figura su NOMBRE como propietario / titular de derechos de uso en los documentos reconocidos?		
¿PERCIBE que su acceso a la tierra es seguro, independientemente de que este derecho esté documentado? (para los pastores: ¿percibe que su movilidad es segura?)		
¿Tiene DERECHO A VENDER alguna de las parcelas de la explotación?		
¿Tiene DERECHO A LEGAR alguna de las parcelas de la explotación?		
¿Tiene DERECHO A HEREDAR la tierra?		

BIODIVERSIDAD AGRÍCOLA, INGRESOS Y PRODUCTIVIDAD

Esta parte de la encuesta se puede realizar mediante una caminata por la granja o una combinación de caminata por la granja y encuesta de hogares.

PRODUCCIÓN Y GANANCIAS

Toma como referencia el ÚLTIMO AÑO de actividad productiva.

CULTIVOS Y ARBOLES

Ingresos totales derivados de cultivos y árboles: ______________________

(Exprese este valor en la moneda especificada anteriormente)

Enumere los 10 cultivos o árboles más importantes

NOMBRE DEL CULTIVO ESPECIE O TIPO DE CULTIVO	PRODUCCIÓN TOTAL (kg)	CANTIDAD VENDIDA (kg)	PRECIO EN LA PUERTA (moneda/kg)	TERRENO EN PRODUCCIÓN (ha)	NÚMERO DE VARIEDADES / ESPECIES PRODUCIDAS

Vegetación natural, árboles y polinizadores

Área productiva cubierta por vegetación natural o diversa
(pastos naturales, pastizales, franjas de flores silvestres, montones de piedra o madera, árboles o setos, estanques naturales o humedales, etc.).
Considere la tierra comunal.

Marque solo uno

☐	Abundante: más del 25% del sistema está cubierto de vegetación natural o diversa
☐	Significativo: al menos el 20% del sistema está cubierto de vegetación natural o diversa
☐	Pequeño: menos del 10% del sistema está cubierto de vegetación natural o diversa
☐	Ausente: el área cubierta de vegetación natural o diversa es insignificante

Apicultura

Marque solo uno

☐	Sí, las abejas se crían dentro del agroecosistema
☐	No, las abejas no se crían, pero están muy extendidas dentro del agroecosistema
☐	No, las abejas no se crían y son raras dentro del agroecosistema

¿Presencia de polinizadores y otros animales benéficos dentro del agroecosistema?

Marque solo un óvalo

☐	Abundante
☐	Significativo
☐	Pequeño
☐	Ausente

ANIMALES

Ingresos totales derivados de la venta de animales: ____________________

Exprese este valor en la moneda especificada anteriormente.

Enumere los 10 tipos de animales más importantes

NOMBRE DE LA ESPECIE ANIMAL	NÚMERO TOTAL DE ANIMALES CRIADOS	NÚMERO DE DIFERENTES RAZAS DENTRO DE ESTA ESPECIE	CANTIDAD VENDIDA	PRECIO EN LA PUERTA (moneda/animal)

PRODUCTOS ANIMALES

Ingresos totales derivados de productos animales: ______________________________

Exprese este valor en la moneda especificada anteriormente.

Enumere los 10 productos animales más importantes

NOMBRE DEL PRODUCTO ANIMAL	CANTIDAD TOTAL PRODUCIDA	CANTIDAD VENDIDA	PRECIO EN LA PUERTA (moneda/unidad)

OTRAS ACTIVIDADES / SERVICIOS

Ingresos totales de otras actividades/servicios (por ejemplo, alquiler, pequeña industria, turismo, etc.): ______________________________

Exprese este valor en la moneda especificada anteriormente.

Enumere las 10 actividades / servicios principales

NOMBRE DE LA ACTIVIDAD/ SERVICIO PRODUCIDO O SUMINISTRADO	CANTIDAD VENDIDA	INGRESOS TOTALES

GASTOS POR INSUMOS

Tome como referencia el ÚLTIMO AÑO de actividad productiva. Exprese este valor en la moneda especificada anteriormente.

Gastos totales de ALIMENTOS para autoconsumo: ______________________

Gastos totales de SEMILLAS: ______________________

Gastos totales de FERTILIZANTES: ______________________

Gastos totales en PIENSOS: ______________________

Gastos totales por SERVICIOS VETERINARIOS: ______________________

Gastos totales para COMPRAS DE GANADO: ______________________

Gastos totales para FUERZA DE TRABAJO NO FAMILIAR: ______________________

Número de personas contratadas: ______________________

¿Durante cuantos días? ______________________

ENERGÍA, MAQUINARIA Y MANTENIMIENTO

Enumere las 10 máquinas/equipos más importantes

Tome como referencia el ÚLTIMO AÑO de actividad productiva. Exprese este valor en la moneda especificada anteriormente.

NOMBRE DE LA MAQUINARIA/ EQUIPO	CANTIDAD QUE POSEE	PRECIO POR UNIDAD	¿CUÁNTOS AÑOS HA USADO ESTA MAQUINARIA /EQUIPO?	¿CUÁNTOS AÑOS MÁS ESTÁ PLANEANDO USAR ESTA(S) MAQUINARIA(S) / EQUIPO(S) (en promedio)?

Gastos totales de MAQUINARIA/EQUIPO y MANTENIMIENTO: ______________________

Gastos totales de COMBUSTIBLE: ______________________

Gastos totales de ENERGÍA: ______________________

Gastos totales de TRANSPORTE: ______________________

INFORMACIÓN FINANCIERA

Tome como referencia el ÚLTIMO AÑO de actividad productiva. Exprese este valor en la moneda especificada anteriormente.

IMPUESTOS totales pagados: ______________________

SUBSIDIOS totales recibidos: ______________________

INTERÉS total sobre préstamos pagados: ______________________

INGRESOS totales DE TERRENO ALQUILADO: ______________________

COSTO total POR ALQUILER DE TERRENO: ______________________

Percepción cualitativa de ganancias y gastos

¿Cómo compara sus ingresos con los de hace tres años?

	Más ingresos
	Mismos ingresos
	Menos ingresos

EXPOSICION A PLAGUICIDAS

Considere los ÚLTIMOS 12 MESES como período de referencia

LISTA LOS 10 PLAGUICIDAS QUÍMICOS PRINCIPALMENTE UTILIZADOS

Al seleccionar el nivel de toxicidad de cada plaguicida, consulte la siguiente tabla:

CATEGORÍAS		ADVERTENCIAS	ORAL DL_{50} (mg/kg)	DÉRMICO CL_{50} (mg/kg)	INHALACIÓN DL_{50} (mg/L)
I	Extremadamente/ Altamente tóxico	PELIGRO VENENO / PELIGRO	0 a 50	0 a 200	0 a 0.2
II	Moderadamente tóxico	ADVERTENCIA	50 a 500	200 a 2 000	0.2 a 2.0
III	Ligeramente tóxico	PRECAUCIÓN	500 a 5 000	2 000 a 20 000	2.0 a 20
	Relativamente no-tóxico	PRECAUCIÓN [opcional]	5000+	20 000+	20+

NOMBRE DEL PLAGUICIDA	NIVEL DE TOXICIDAD	CANTIDAD DE INGREDIENTE ACTIVO (%)	CANTIDAD DE PRODUCTO UTILIZADO (l o g)	CANTIDAD DE SUPERFICIE EN LA QUE SE HA UTILIZADO EL PLAGUICIDA (ha)	¿EN QUÉ CULTIVO?	¿PARA TRATAR QUE PLAGA?

GASTO TOTAL para plaguicidas QUÍMICOS: ______________________

¿Cuáles estrategias de mitigación se utilizan al aplicar el plaguicida?

Seleccione tantos como sea necesario.

☐	Máscara
☐	Protección corporal (gafas, guantes, etc.)
☐	Protección especial para mujeres y niños
☐	Se utilizan signos visibles de peligro después de la pulverización.
☐	La comunidad está informada del peligro
☐	Eliminación segura de los envases vacíos después de su uso
☐	Otro:

Enumere los 10 principales pesticidas orgánicos utilizados

NOMBRE DEL PLAGUICIDA ORGÁNICO	FUENTE: ¿AUTOPRODUCIDOS O ADQUIRIDOS?	CANTIDAD UTILIZADA (l o g)	CANTIDAD DE SUPERFICIE EN LA QUE SE HA UTILIZADO EL PLAGUICIDA (ha)

GASTO TOTAL para plaguicidas ORGÁNICOS: ____________________

Manejo ecológico de plagas

Seleccionar las técnicas aplicadas sistemáticamente dentro del sistema evaluado. Seleccione tantos como necesite.

	Control cultural (se eligen variedades más resistentes para la producción; las plantas y frutos que presentan signos de enfermedad se eliminan manualmente; los cultivos se cultivan en sistemas de rotación de cultivos y cultivos intercalados, etc.)
	Plantación de plantas repelentes naturales
	Uso de cultivos de cobertura para aumentar las interacciones biológicas
	Favorecer la reproducción de organismos benéficos para el control biológico
	Favorecer la biodiversidad y la diversidad espacial dentro del agroecosistema
	Otro:

¿Qué tipo de pesticidas son más importantes para su producción?

	Los pesticidas químicos son más importantes
	Los pesticidas orgánicos son más importantes
	El uso de plaguicidas en insignificante (ni química ni orgánica) la gestión ecológica es más importante
	Otro:

¿Utiliza antibióticos en su ganado?

☐	Solo para tratamiento de enfermedades
☐	Solo para la prevención de enfermedades
☐	Para promover el crecimiento
☐	No uso antibióticos en absoluto

EMPLEO Y EMIGRACIÓN JUVENIL

¿Hay miembros jóvenes (15-24 años) en el sistema evaluado? (incluidos los emigrados y que actualmente viven fuera de ella)

Sí / No

Si su respuesta es "Sí", proporcione la siguiente información:

Escribe un número por categoría. Si una categoría no corresponde, escriba 0.

	HOMBRE	MUJER
Número de jóvenes (principalmente) que trabajan en la producción agrícola del sistema evaluado		
Número de jóvenes (principalmente) en educación/formación		
Número de jóvenes que no cursan estudios/formación ni trabajan en la agricultura ni en otras actividades		
Número de jóvenes (principalmente) que trabajan fuera pero que actualmente viven en el sistema evaluado		
Número de jóvenes que han abandonado la comunidad/aldea por falta de oportunidades		
Número de jóvenes que desearían continuar la actividad agrícola de sus padres		
Número de jóvenes que no quieren trabajar en la agricultura y que emigrarían si tuvieran la oportunidad		

EMPODERAMIENTO DE MUJERES

Encuesta para realizar solo con la mujer principal del hogar, sin la presencia de un hombre en un ambiente seguro

¿Responde la mujer en presencia de un hombre? Sí / No
Si su respuesta es "sí": ¿el hombre se ha negado a irse a pesar de saber que esto? Sí / No

Nivel de Educación

	HOMBRE	MUJER
No puede leer ni escribir		
Capaz de leer y escribir		
Elemental		
Alto		
Universidad		

CARGA DE TIEMPO

Deje el espacio vacío si alguna categoría no aplica

¿Participa en otras actividades lucrativas fuera de la producción agrícola?

	HOMBRE	MUJER
Si		
No		

Si su respuesta es "sí", ¿Cuáles?

HOMBRES: ______________________________

MUJERES: ______________________________

Proporción del tiempo de trabajo dedicado a la PRODUCCIÓN AGRÍCOLA dentro del sistema evaluado

Marque solo uno por categoría

	HOMBRE	MUJER	NIÑOS (<18)	NIÑAS (<18)
Nada a poco (<10%)				
Menos de la mitad (10%-39%)				
Aproximadamente la mitad (40%-59%)				
La mayoría/casi todos (60%-99%)				
Todo (100%)				

Proporción del tiempo de trabajo dedicado a la PREPARACIÓN DE ALIMENTOS y otros TRABAJOS DOMÉSTICOS

Marque solo uno por categoría

	HOMBRE	MUJER	NIÑOS (<18)	NIÑAS (<18)
Nada a poco (<10%)				
Menos de la mitad (10%-,39%)				
Aproximadamente la mitad (40%-59%)				
La mayoría/casi todos (60%-99%)				
Todo (100%)				

Proporción del tiempo de trabajo dedicado a otras actividades lucrativas (fuera de la producción agrícola)

Marque solo uno por categoría

	HOMBRE	MUJER	NIÑOS (<18)	NIÑAS (<18)
Nada a poco (<10%)				
Menos de la mitad (10%-39%)				
Aproximadamente la mitad (40%-59%)				
La mayoría/casi todos (60%-99%)				
Todo (100%)				

En total, ¿trabaja más de 10,5 horas al día?

Marque solo uno por categoría

	HOMBRE	MUJER	NIÑOS (<18)	NIÑAS (<18)
Más de 10,5 h/día				
Menos de 10,5 h/día				

TOMA DE DECISIONES

¿Las mujeres toman decisiones sobre qué producir?
¿Las mujeres toman decisiones sobre qué hacer con los productos producidos (como el control de los ingresos o si consumirlos en casa)?

Marque solo uno por categoría

	YO MISMA (MUJERES)	MI MARIDO (HOMBRES)	AMBOS	ALGUIEN MÁS
¿Quién es el dueño de los CULTIVOS y las SEMILLAS?				
Cuando se toman decisiones sobre PRODUCCIÓN DE CULTIVOS, ¿quién normalmente toma estas decisiones?				
¿Quién es el dueño de los ANIMALES?				
Cuando se toman decisiones sobre PRODUCCIÓN ANIMAL, ¿quién normalmente toma estas decisiones?				
¿Quién es el propietario de los activos para otras actividades económicas dentro del hogar?				
Cuando se toman decisiones sobre otras actividades económicas dentro del hogar, ¿quién toma normalmente estas decisiones?				
¿Quién es el propietario de los PRINCIPALES ACTIVOS DEL HOGAR? (casa, maquinarias, etc.)?				
Cuando se toman decisiones sobre los PRINCIPALES ACTIVOS DEL HOGAR, ¿quién suele tomar estas decisiones?				
¿Quién es el propietario de los ACTIVOS MENORES DEL HOGAR? (herramientas pequeñas, jardín, etc.)?				
Cuando se toman decisiones sobre ACTIVOS MENORES DEL HOGAR, ¿quién suele tomar estas decisiones?				

Toma de decisiones sobre INGRESOS:

Marque solo uno por categoría

	NO HA CONTRIBUIDO O HA CONTRIBUIDO EN POCAS DECISIONES	HA CONTRIBUIDO EN ALGUNAS DECISIONES	HA CONTRIBUIDO EN LA MAYORÍA DE LAS DECISIONES
¿Cuánto contribuyó a las decisiones sobre el uso de los INGRESOS generados a través de la PRODUCCIÓN DE CULTIVOS?			
¿Cuánto contribuyó a las decisiones sobre el uso de los INGRESOS generados a través de la PRODUCCIÓN ANIMAL?			
¿Cuánto contribuyó a las decisiones sobre el uso de los INGRESOS generados a través de OTRAS ACTIVIDADES ECONÓMICAS?			

PERCEPCIÓN SOBRE LA TOMA DE DECISIONES

Marque solo uno por categoría

	CREO QUE NO PUEDO TOMAR NINGUNA DECISIÓN	SOLO PEQUEÑAS DECISIONES	ALGUNAS DECISIONES	EN GRAN PARTE / TOTALMENTE
Si quisiera, ¿cree que puede tomar decisiones sobre PRODUCCIÓN DE CULTIVOS?				
Si quisiera, ¿cree que puede tomar decisiones sobre LA CRÍA DE ANIMALES?				
Si quisiera, ¿cree que puede tomar decisiones sobre OTRAS ACTIVIDADES ECONÓMICAS?				
Si quisiera, ¿cree que puede tomar decisiones sobre los GASTOS PRINCIPALES DEL HOGAR?				
Si quisiera, ¿cree que puede tomar decisiones sobre los GASTOS MENORES DEL HOGAR?				

¿TIENE ACCESO A CRÉDITO?

Marque solo uno por categoría

	HOMBRES	MUJERES
Es posible en canales oficiales y seguros (banco o similar)		
Es posible en canales no oficiales		
Imposible. El acceso al crédito es demasiado difícil o arriesgado		

LIDERAZGO

Les hommes et les femmes sont confrontés à des obstacles différents à la participation. Dans le pays / contexte, les hommes et les femmes du ménage sont-ils inclus et peuvent-ils participer aux projets d'agroécologie?

	¿ESTE GRUPO EXISTE EN SU COMUNIDAD? SÍ / NO	¿CON QUÉ FRECUENCIA PARTICIPA EN ACTIVIDADES Y REUNIONES ORGANIZADAS POR ESTE GRUPO? (si existe en su comunidad)			
		Nunca / Casi nunca	Algunas veces	La mayoría del tiempo	Siempre
Asociaciones y organizaciones de mujeres					
Cooperativas de producción rural					
Movimientos sociales					
Sindicatos de trabajadores rurales					
Grupos políticos vinculados a un partido					
Grupos religiosos					
Capacitación organizada para el desarrollo de capacidades					
Otros					

DIVERSIDAD ALIMENTARIA MÍNIMA PARA MUJERES

Seleccione lo que comió o bebió en las últimas 24 horas. Incluya todos los alimentos y bebidas, bocadillos o comidas pequeñas, así como las comidas principales. Recuerde incluir todos los alimentos que haya ingerido mientras preparaba comidas o preparaba comida para otras personas.

Marque solo uno por categoría

GRUPOS DE COMIDA:	SÍ, LO COMÍ EN LAS ÚLTIMAS 24 HORAS	NO, NO LO COMÍ EN LAS ÚLTIMAS 24 HORAS
GRANOS, RAÍCES BLANCAS y TUBERÍAS (pan, arroz, pasta, harina, papas blancas, ñame blanco, mandioca/yuca, taro, etc.)		
LEGUMBRES (frijoles, guisantes, semillas frescas o secas, lentejas o productos de frijoles/guisantes, incluidos hummus, tofu y tempeh)		
NUECES y SEMILLAS (nueces de árbol, cacahuate/maní o ciertas semillas, o "mantequillas" o pastas de nueces/semillas)		
Productos LÁCTEOS (Leche, queso, yogur u otros productos lácteos, pero NO incluye mantequilla, sorbete, crema o crema agria)		
CARNE, AVES, PESCADO (Res, cerdo, cordero, cabra, pollo, pescado, mariscos, órganos de animales)		
HUEVOS de aves de corral o de cualquier otra ave		
VERDURAS DE HOJA VERDE OSCURO (cualquier verdura de hoja verde media a oscura, incluidas las hojas silvestres/forrajeadas)		
FRUTAS Y VERDURAS AMARILLO OSCURO O ANARANJADO (mango, papaya, calabaza, zanahoria, calabaza, camote)		
otras VERDURAS (pepino, berenjena, champiñón, cebolla, tomate, etc.)		
otras FRUTAS (aguacate, manzana, piña, etc.)		

SALUD DEL SUELO

Para la evaluación del suelo, elija una superficie del área productiva que más refleje el estado promedio de sus suelos.

Marque cada categoría con una puntuación comprendida entre 1 y 10 en los siguientes ejemplos.

INDICADORES	VALORES ESTABLE-CIDOS	CARACTERISTICAS	PUNTAJE (DE 1 A 10)
Estructura	1	Suelo suelto y polvoriento sin agregados visibles	
	3	Pocos agregados que se rompen con poca presión	
	5	Agregados bien formados, difíciles de romper	
Compactación	1	Suelo compactado, bandera se dobla fácilmente	
	3	Capa fina compacta, algunas restricciones para que penetre el alambre.	
	5	Sin compactación, la bandera puede penetrar hasta el fondo del suelo	
Profundidad del suelo	1	Subsuelo expuesto	
	3	Suelo superficial fino	
	5	Suelo superficial (> 10 cm)	
Estado de los residuos	1	Residuos orgánicos de descomposición lenta	
	3	Presencia de residuos en descomposición del año pasado	
	5	Residuos en varias etapas de descomposición, la mayoría de los residuos bien descompuestos	
Color, olor y materia orgánica	1	Pálido, olor químico y sin presencia de humus	
	3	Marrón claro, inodoro y con cierta presencia de humus	
	5	Marrón oscuro, olor fresco y abundante humus	
Retención de Agua (nivel de humedad después de riego o lluvia)	1	Suelo seco, no retiene agua	
	3	Nivel de humedad limitado disponible por poco tiempo	
	5	Nivel de humedad razonable durante un período de tiempo razonable.	
Cobertura del suelo	1	Suelo desnudo	
	3	Menos del 50% del suelo cubierto por residuos o cobertura viva	
	5	Más del 50% del suelo cubierto por residuos o cobertura viva	
Erosión	1	Erosión severa, presencia de pequeños barrancos.	
	3	Signos de erosión evidentes pero bajos	
	5	Sin signos visibles de erosión	
Presencia de invertebrados	1	Sin signos de presencia o actividad de invertebrados	
	3	Algunas lombrices de tierra y artrópodos presentes	
	5	Presencia abundante de organismos invertebrados	
Actividad microbiológica	1	Muy poca efervescencia después de la aplicación de peróxido de agua.	
	3	Efervescencia ligera a media	
	5	Efervescencia abundante